# 神聖なる海獣

## なぜ鯨が西洋で特別扱いされるのか

河島基弘 著

KAWASHIMA Motohiro

ナカニシヤ出版

# はじめに

神はまた言われた。「水は生き物の群れで満ち、鳥は地の上、天の大空を飛べ」。
神は海の巨獣と、水に群がるすべての動く生き物を、種類に従って創造し、また翼のあるすべての鳥を、種類に従って創造された。神は見て、よしとされた。
神はこれらを祝福して言われた。「生めよ。増えよ。海の水に満ちよ。また鳥は地の上に増えよ」。

（創世記第一章二〇－二二）

話は二十年ほど前に遡る。私は通信社の記者だった二十代後半の頃、世界自然保護基金（World Wide Fund for Nature = WWF）ジャパンの会員をしていた。世界で最大規模、そして高く評価されている環境保護団体の一員になったことで、私は野生動物の保護に貢献しているという誇りを持つことができた。唯一気になったのは、当時のWWFが鯨や虎、パンダなど、カリスマ的魅力のある哺乳類の保護に過度に力を注いでいることだった。私は、同じ絶滅危惧種でありながら、人目を引く一部の動物にばかり注目し、魅力に劣る動物の保護にあまり熱心でないWWFの現状に疑問を感じていた。WWF、そして環境保護運動一般への不信が決定的になったのは、当時WWFの名誉総裁だったイギリスのエディンバラ公が、自身は趣味で動物の狩猟をしながら、アフリカ人やアジア人に象や鯨の捕獲を止めるよう求めていることを知った時だった。偽善的な姿勢に幻滅し、私はWWFを脱会した。(1)

私は以来、一部の動物ばかりが人々の関心を集める理由を漠然と考えるようになったが、記者の仕事に忙殺され、深く突き詰めることはなかった。それが一変したのは、一九九七年九月のことだった。当時の私は、記者を辞めてイギリスに留学したばかりで、十月からのエセックス大学社会学部修士課程入学に備えて、大学の英語集中コースに参加していた。コースワークの中で、何でも興味のあるテーマを選んで、短いエッセー（論文）を書くという課題が与えられた。私が選んだテーマは「食用目的の殺処分には、その文化独自の合理性がある」というもので、捕鯨と家畜の殺処分には倫理的な違いはないという趣旨でエッセーを書いた。英語力不足と、それに伴う論理展開のぎこちなさを除けば、なかなか上出来のエッセーが書けたと思った。

しかし、英語教師のコメントは極めて厳しいものだった。リチャードという名前のその教師は、①私の議論は具体的な証拠を提示していないために説得力に欠ける、②日本人の捕鯨によって、鯨の種としての存続が脅かされている、③虎が絶滅の危機に瀕しているのは、アジア人が強壮剤を作るために密猟するからである、④サイが絶滅の危機に瀕しているのは、アラブ人がナイフの柄にするために角を欲しがるからである――の四点を指摘してきた。最初の指摘に異論はない。私は、鯨の生息数について何ら公式の数字を提示していなかった。しかし②は、当時日本が捕鯨の対象としていたのは数が多いミンククジラだけであり、リチャードは事実関係を誤解していた。③と④はまったくの言いがかりだった。私はエッセーの中で虎にもサイにも一言も言及していなかったのである。

リチャードはエッセーを私に返す際、他の学生の面前でこう述べた。

「私が期待する水準にあなたのエッセーが到達していないからといって、あなたが知的に劣っているわけではない。しかし、議論を証拠によって補強しなければ、あなたはイギリスの大学では受け入れられない」。

誤解を解こうと、私は①日本が捕鯨の対象としているのは数が豊富な鯨種だけであること、②捕鯨は家畜の殺処分と倫理的に何ら変わりがないこと――の二点を述べた。それでもリチャードが誤りを認めないので、私は彼の無知を指摘した。思いがけず私に反論されたリチャードは、文字通り怒りで身体を震わせた。

後日、仲よくしていた別の英語教師ケイトから、リチャードが教師会の場で私を名指しで非難していたことを教えられた。「でも大丈夫。私があなたを弁護しておいたから」。ケイトは声を低めて続けた。「彼はショービニスト（排外主義者）なの」。

意外に思われるかもしれないが、私はリチャードが好きだった。彼の伸ばし放題の髭、擦り切れたジーンズ、ボタンの取れたシャツは、環境運動家のそれであり、私の眼には魅力的に映った。実際、外国人学生、特に東洋人の名前をまったく覚えようとしない点を除けば、リチャードは英語教師として悪くなかった。もっとも例の一件の後、私の名前はすぐに覚えたようだが。

この事件以来、私はイギリスのメディアがどのように鯨・捕鯨問題を取り上げるのかを注視してきた。鯨や捕鯨を扱った文献やテレビ・ドキュメンタリー、映画をできる限りチェックし、世界各国の友人と議論をし、一九九八年から九九年に在籍したロンドン大学経済政治学院（LSE）の社会人類学部修士課程では、「鯨と捕鯨の人類学的意味合い」（The Anthropological Implications of the Whale and Whaling）と題する論文を書いた。それからエセックス大学社会学部に戻り、文献調査や欧米人へのインタビューなどを下敷きに、鯨・捕鯨問題に関する博士論文を書き上げた。本書は新たな展開や知見を加えたり、同僚や先輩から頂いたコメントを基に議論を再考するなどして、この博士論文を加筆修正したものである。

本書は次の四つの問いに答えることを目的としている。すなわち、①どのような過程で鯨は西洋において特別な動物になったのか、[2] ②誰が何の目的で鯨を特別な動物にしたのか、③鯨・捕鯨問題をメディアはどのように表象してきたのか、④鯨の特別視は人類に普遍的な現象なのか——の四つである。このように本書の中心的な課題は鯨・捕鯨問題の社会・文化的側面の探究にあるが、著者の関心はそれにとどまらない。むしろ、鯨・捕鯨問題を手掛かりに、①人間と動物の関係はどのように構造化されているのか、②メディアは私達の認識にどのような影響を与えるのか、③ある特殊な言説が普遍的な力を持つようになる過程はどのようなものか——など、さらに広い問題の考察も合わせて行なったつもりである。その試みがどこまで成功（失敗）したのかについて、読者の忌憚のない批判を仰ぎたい。

神聖なる海獣

——なぜ鯨が西洋で特別扱いされるのか——

＊

目次

# 神聖なる海獣

## ――なぜ鯨が西洋で特別扱いされるのか――

# 第1章　鯨の自然史、捕鯨の歴史

鯨の血で海上は泡立ち、煙の雲が鯨油精製所から吐き出される。地の果ての荒涼とした海岸には、鯨の骨が積み重なっている。それは、この巨獣の哀れな末路を物語っている。

（ジャック・クストー『鯨』1988）

## 1　鯨の科学

### † 鯨の分類

世界には八十種類以上の鯨が確認されている。鯨は体長、生息地、生息数などの点で多様である。分類学的に言えば、鯨は髭鯨（ヒゲクジラ）と歯鯨（ハクジラ）に分類できる（小松 2001；村山 2009；Tønnessen and Johnsen 1982；Watson 1985）。髭鯨の多くは上顎から生えている数百枚の髭板を使って、海水と一緒に飲み込んだプランクトンや小魚をこし取って食べる。髭鯨には、シロナガスクジラやザトウクジラ、ミンククジラなど十四種類の仲間がいる。一方、歯鯨の多くは硬い歯を持ち、主に魚やイカを捕らえて食べるが、シャチの場合は海鳥やアザラシ、他の鯨なども餌にする。歯鯨の仲間としては、マッコウクジラやシャチのほか、バンドウイルカやカワイルカなど約七十種類が知られている。鯨とイルカは別の動物であると一般的に信じられているが、成長しても体長が四メートルに満たない鯨がイルカである。

最大の鯨であるシロナガスクジラは、地球史上最大の動物であり、大きいもので体長三〇メートル、体重二〇〇トンまで成長する。一方、沿岸部や湾内に生息するイルカには体長が一・五メートルに満たない種類もいる。生息地も多様である。マッコウクジラやシャチのように世界中の海洋に見られる鯨がいる一方で、カワイルカのように淡水域の河川にだけ生息する種類もいる。

鯨は全生涯を水中で過ごす点で他の哺乳類と異なる。アザラシやアシカ、セイウチ、ラッコなども水中生活に適応した哺乳類だが、休息したり、赤ちゃんを産み育てる時には陸地に上がる必要がある。陸地なしで生活できる哺乳類は、ジュゴンやマナティなどの海牛類を除けば、鯨だけである（石川 2011 : 13）。鯨の祖先は五千万年以上昔に陸から水に向かったと言われる（Clapham 1997；村山 2009）。水中生活に戻った理由としては、捕食者からの逃避、豊富な餌の探索、地殻変動による陸地の喪失などが考えられているが、本当のところは不明である。いずれにしても、鯨は水中生活に適応する進化の過程で、前足が胸ビレに、尻尾が尾ビレに変化し、後足は退化した。鼻孔は水面で呼吸しやすいように前方から上方に移動し、水の抵抗が少ない流線型の身体を獲得するとともに、体毛を消失した。

鯨の祖先をどの動物と見るかについて、科学者の間で意見が分かれている。分子生物学の観点から見れば、鯨は牛や馬、カバなどの有蹄類に近い。中でも、DNA構造の点で鯨に最も近い陸上動物はカバである（Clapham 1997 ; Luo 2000 ; 村山 2009 ; Normile 1998）。陸上と水中を行き来する生活様式と、体毛が少なく、手足が短い外見から見ても、カバと鯨が近縁であることは容易に想像できる。

## †鯨の知能

鯨は大きな脳と複雑な大脳皮質を持つ賢い動物であると言われる。水族館では、イルカやシャチが水上の輪を通り抜けたり、プールに投げ入れられたボールを取って来たりするなどの演技を見ることができる。映画やテレビでは、子どもと一緒に泳いだり、人間とコミュニケーションをとったり、溺れている人を助けたりする鯨やイルカがしばしば登場する。環境主義者が鯨類を「海の人類」「人間の友達」とみなし、特別視するのも頷ける。しかし、鯨は本当にこのニックネームに値する賢い動物なのだろうか。

鯨が高い知性の持ち主であることを唱えた研究者の中で最も有名なのは、アメリカの脳科学者のジョン・リリーだろう。捕獲したイルカの行動と脳の構造を詳細に調べたリリー（Lilly 1961）は、イルカには推論する能力や倫理観に加え、仲間や次の世代に知識や経験を伝達できるほどの言語能力があると推測した上で、近い将来には、人間とイルカのコミュニケーションが可能になると予言した。その夢はまだ実現していないが、リリーは、イルカの大活躍を描いた映画で後にテレビ・シリーズにもなった『フリッパー』(*Flipper*)(一九六三年制作)の制作協力者に名前を連ねるなど、イルカが賢い動物であるという意識を人々に広める上で大きな役割を果たした。リリーによって、多くの人が鯨やイルカの素晴らしさを知り、リリーの本を読んで、環境主義者の多くが反捕鯨運動に乗り出した。リリーの研究に刺激を受けて、鯨類の研究に踏み出した科学者も多いと言う(大隅 2001)。その一人が、イルカの言語能力の研究で有名な認知心理学者のルイス・ハーマンである。人間とイルカの共通言語である手話を使った実験でハーマンは、イルカが「棒を輪に通せ」と「輪を棒に通せ」という指示の違いを理解できることを示した(Payne 1995 : 205)。これによって、イルカに英文法を理解する能力があることが主張された。

もし知能が脳の大きさだけで測定できるなら、最も知能が高い動物はマッコウクジラということになる。イギリスの研究者、マーガレット・クリノウスカによれば、オスのマッコウクジラの脳重量は七八二〇グラムに達し、一五〇〇グラムの人間を大きく上回る(Klinowska 1992 : 24–5)。しかし、マッコウクジラの体重は人間の約五百倍であり、脳が重いのは当然とも言える。体重に占める脳重量の割合(脳重量比)で比べれば、マッコウクジラの指数は〇・〇二であり、二・一〇の人間より遥かに低いばかりか、〇・〇八の牛にも劣る(同)。鯨類の中で最高の脳重量比を誇るバンドウイルカの指数は人間の約半分の〇・九四である。ただし、脳重量比だけで知能の優劣を決めることはできない。

知能を論じる際、脳の質、特に大脳皮質の発達具合が重要である。この点、バンドウイルカのように、人間と変わらないほど複雑な大脳皮質を持つ種類もいる。大脳皮質にある神経細胞の密度の点で、イルカと人間で違いがないことがリリーの研究で明らかになっている（村山 2009：150）。しかし、鯨類の脳の構造を詳細に調べると、脳の複雑さに関していくつか疑念が生まれる。クリノウスカ（Klinowska 1992：29）によれば、大脳皮質の外側にあり、高度な思考や知性を司ると言われる新皮質を見ると、陸生哺乳類には機能が異なる六つの層があるが、鯨類には五つの層しかなく、部位ごとの機能の相違も見られない。クリノウスカ（Klinowska 1989：20）はまた、鯨類は多くの陸生哺乳類が五千万年前に経験した最終段階の脳進化を経ていない点を挙げ、鯨類の脳は実は多くの点で原始的であり、陸生哺乳類ではハリネズミやコウモリのレベルであると述べている。

鯨の知能を論じる際にもう一つ重要なのは、種としての多様性である。前述のように、鯨は歯鯨と髭鯨の二種類に分かれるが、脳重量比の点で両者には大きな相違がある。バンドウイルカやシャチに代表される歯鯨は、ナガスクジラやミンククジラのような髭鯨に比べて脳重量比が高く、餌の探索などでも複雑な行動を見せる(3)。歯鯨が「海の知識人」と呼ばれる一方で、髭鯨が「海の牛」と蔑視される所以である。

それでは、全体として鯨の知能をどのように評価すればよいのだろうか。この点、プロクター（Proctor 1975）は、社会的行為と知性を混同すべきではないと論じる。人間も鯨も社会的動物であり、その結果、仲間と遊んだり、共同行動を取ったりするなどの特質を共有し、ともに高い学習能力とコミュニケーション能力を備えている。しかし、鯨が人間と同等の推論能力を持っているとは考えにくい（同）。さらに重要なのは、そもそもどのように知能を測定するのかという問題である。鯨が本当に高い知性の持ち主かどうかとの問いに対して、ロサンゼルス郡自然史博物館の研究・収集副館長のジョン・ヘイニングは「人間の間でさえ、知能の絶対的な基準はない。他の動物となれば、なおさらである」と答えている（著者のインタビュー 2001）。確かなのは、鯨が水中生活に見事に適応した動物であるという事実である。

## 2　鯨と人の交流史

### †物語の中の鯨

鯨と人との関わりは人類の歴史と同じくらい古い。鯨はいつも海や川の中にいて、人類を魅了し、世界中の伝説や神話、小説の中で重要なキャラクターとして登場してきた。鯨にまつわる豊かな伝承を持つ民族としては、ギリシア人、ローマ人、ノルウェー人、日本人、イヌイット、マオリ族などが有名である。物語の中で鯨は、神の慈悲深い使者、あるいは無力な人間に恩恵を与える神そのものとして現われることがある一方で、その巨大な力で船を沈め、人間に災厄をもたらす海の怪物、リヴァイアサン（Leviathan）として表象されることもある。

旧約聖書の中で、鯨は神が人間への警告として天地創造の時に最初に海に遣わした生き物である。クストー（Cousteau 1988：254）がいみじくも言ったように「中でも聖書に出てくる鯨は、巨大なリヴァイアサン、悪の象徴であり、人間のあらゆる恐怖の中心であり、絶対的な力の具現者である」。旧約聖書のヨナの物語は、人間を罰するために神が遣わした鯨の途方もない力を描いている。物語の中で神は、ヨナに対してイスラエルの敵国であるアッシリアの首都・ニネヴェに出向いて、市民に邪悪な行為を控えるよう説教することを命じる。ヨナが神の意思に反して船で逃げようとすると、船は巨大な嵐に遭遇する。ヨナが神に背いたために嵐に遭ったことを知った船員達はヨナを海に投げ込む。ヨナは「巨大な魚」に飲み込まれ、三日三晩をその魚のお腹の中で過ごした後、地上に吐き出される。全知全能の神の力を思い知ったヨナはニネヴェの市民に対して神の意思を伝える。これは神から人間への教訓である。神が求めるのは無条件の恭順であり、神の意思からは誰も逃れることができない。

ヨナの物語から創作上の刺激を受けた画家や作家は多いが、その一人がイタリアの児童作家のカルロ・コローディで、コローディは操り人形の物語『ピノッキオの冒険』を生み出した。物語の中ではヨナと同様、ピノッキオが「巨大な魚」に飲み込まれるエピソードが出てくる。この体験を通し、ピノッキオは魚のお腹の中でこれまでの自分の身勝手さを反省し、人間の少年になるチャンスをつかむ(Cousteau 1988)。鯨と人間の物語を語る時、ハーマン・メルヴィルが一八五一年に書いたアメリカ文学の傑作、『白鯨』(*Moby Dick*)(メルヴィル 2004)も忘れることはできない。『白鯨』はモービー・ディックと呼ばれる白いマッコウクジラに片脚を食いちぎられたエイハブ船長の狂気に満ちた復讐の物語である。復讐は破滅に終わる。捕鯨船は白鯨に沈められ、エイハブ船長は白鯨に打ち込んだロープが身体に巻き付き、海中深く引き込まれて非業の最期を遂げる。物語の中ではキリスト教が重要なモチーフとなっており、それは登場人物の名前からも読み取れる。また、物語の中で宗教的色彩を帯びた場面が随所に登場することも象徴的である。

鯨にとっては、こうした聖書や物語の中で見られるような神性を永遠に纏《まと》うことができれば幸いだったに違いない。しかし事実は逆であり、鯨と人の交流史は、人間社会の世俗化の進行とともに鯨の神性が一枚一枚剥がされていく歴史である。

## †捕鯨の歴史

考古学的発見によって、人間が太古の昔から鯨を捕らえ、食用に供していたことが判明している。(4) 世界中の海岸で鯨やイルカの骨が人骨と一緒に発見されている。当初は座礁した鯨だけが食用にされたが、舟の発明によって次第に沿岸近くで捕鯨が行なわれるようになる。小舟と手銛を使った捕鯨を最初に始めたのは、アラスカのイヌイットとノルウェー人だと言われるが、商業目的で組織的な捕鯨を最初に始めた栄誉は、現在スペインとフランスの国境周辺に住むバスク人に帰せられる。バスク人は早くも九世紀、スペイン北部のビスケー湾において捕鯨に乗り出した。彼らが捕鯨の対象としたのはセミクジラであり、手漕ぎ舟で追いつけるほど泳ぎが遅く、脂肪をたっぷり蓄えた丸い身体は死んだ時に海上に浮かび上がってくるなど、捕鯨にとってうってつけの特質を備えた種類である。バスク人は捕鯨産業と捕鯨技術を独占して大いに栄えた。ビスケー湾でセミクジラを捕り尽くした後、バスク人は鯨を求めて北進し、アイスランドやグリーンランドまで進出。十四世紀には現在のカナダ沖合のニューファンドランド島まで足を伸ばした。

しかし、バスク人の栄光は永遠には続かなかった。国力と海軍力が増大したオランダとイギリスが捕鯨の覇権を握るようになったのである。両国の捕鯨者は北極海などで競合し、現在ノルウェー領のスピッツベルゲン島を捕鯨基地とした。フランス、デンマーク、スウェーデン、ドイツ、ロシアなどが後に続いた。大西洋の向こう側では、もう一つの捕鯨大国が興隆しようとしていた。アメリカ合衆国の登場である。初期の段階ではアメリカの捕鯨は大西洋と北極海で行なわれ、ニューイングランド地方の港を出港したアメリカの捕鯨船は、セミクジラ、ホッキョククジラ、ザトウクジラなどを追った。次に捕鯨の対象となったのはマッコウクジラであり、その身体から絞り取れる貴重な鯨油、竜涎香、象牙にも似た牙が目的だった。(5) アメリカは十九世紀、マッコウクジラを追って漁場を太平洋に移し、捕鯨大国となった。

太平洋の西側では、日本が捕鯨の長い歴史を持っている。「くじら」という言葉は、七一二年に編纂された日本最古の歴史書である『古事記』に登場する。捕鯨は日本列島沿岸の漁村で営まれ、セミクジラ、コククジラ、ザトウクジラ、ゴンドウクジラなどが捕らえられた。捕鯨コミュニティとして最も有名なのが現在の和歌山県の太地であり、十七世紀に網取り式捕鯨を考案して栄えた。鯨油だけを目的とした西洋式の捕鯨と違って、皮から脂肪、骨まで鯨のあらゆる部位を有効利用した。

時代とともに捕獲される鯨の数は増大したが、基本的な捕鯨技術は変わらないままだった。すなわち、セミクジラ、コククジラ、ザトウクジラなど泳ぎの遅い鯨種を帆船や手漕ぎ舟で追い、手銛《てもり》でとどめを刺すというものである。鯨にとっては、捕鯨船を振り切って逃げおおせるチャンスも多く、ある意味で牧歌的な時代だった。一方の捕鯨者にとっては、事故や嵐などで生命を落とす危険性が高く、捕鯨はまさに命懸けの仕事だった。

### † 近代捕鯨

捕鯨者と鯨の力の均衡が劇的に崩れたのは十九世紀半ばであり、ノルウェー人のスヴェン・フォインによる新しい捕鯨技術の発明が契機となった。フォインは一八六四年、捕鯨砲と爆発銛、蒸気船を組み合わせた画期的な捕鯨方法を考案した（Payne 1995：255）。強力な捕鯨砲を備えた高速の捕鯨船は、効率的な殺戮マシーンだった。捕鯨砲が発射した銛の先端部分には火薬が詰まっていて、鯨の身体に刺さった直後に爆発する仕掛けである。鯨は海上で浮き上がるように、巨大な針で体内に空気を注入され、鯨体は捕鯨母船に引き取られた。この画期的な捕鯨技術の導入によって、シロナガスクジラ、ナガスクジラ、イワシクジラなどの泳ぎの速い鯨も捕獲できるようになった。鯨の乱獲の時代の始まりであり、それは人類が自然に対して行なった最悪の行為の一つとして歴史に刻まれている。

北半球において大型鯨類をほぼ捕り尽くした後、捕鯨者は漁場を南半球に求め、ついには大型鯨類の最後の宝庫である南極海に到達した。南極における最初の陸上基地は一九〇四年、ノルウェー人によって南大西洋のサウス・ジョージア島に建設され、すぐにイギリス人が続いた。南極海における鯨の受難は、一九二五年にノルウェー人が鯨の加工船を建造したことでさらに拍車がかかった。加工船

表１　世界の鯨捕獲数

| 年 | 捕獲数 | 年 | 捕獲数 | 年 | 捕獲数 |
|---|---|---|---|---|---|
| 1873 | 36 | 1913 | 25,673 | 1953 | 53,642 |
| 1883 | 569 | 1923 | 18,120 | 1963-64 | 63,001 |
| 1893 | 1,607 | 1933 | 28,907 | 1973-74 | 31,629 |
| 1903 | 3,867 | 1943 | 8,372 | 1983-84 | 1,683 |

（注）　たとえば1963-64は二年にわたるという意味でなく，一つの捕鯨シーズンを表わす。
（出所）　Cousteau（1988：36）を参考に著者が作成。

は捕獲した鯨を引き揚げるための傾斜面を船尾に備えた大型船で、鯨は甲板で加工処理された。捕鯨者にとっては、鯨体を陸上基地まで運ぶ手間が省けるため、捕鯨は一層効率的なものになった。一九三〇年代までに、世界の捕鯨の約八五％が南極海で行なわれるようになり、そのうちノルウェーとイギリスが両国合わせて九五％のシェアを占めた（Andresen 1993：109）。

近代捕鯨が鯨に与えた壊滅的な影響を知るために、ノルウェーのオスロにあった捕鯨統計委員会（Committee for Whaling Statistics）に報告された世界の鯨捕獲数を見てみよう（**表１**）。簡略化のために、十年ごとの捕獲数を示す。フォインによって新しい捕鯨技術が考案されて九年後の一八七三年、捕獲数は三十六頭に過ぎなかった。その後、捕獲数は急激に増加し、第一次世界大戦直前の一九一三年には二万五千六百七十三頭を記録した。戦後に捕獲数は一時的に減少したが、軍用に徴用されたり、敵によって沈められたりして捕鯨船が激減した第二次世界大戦を挟んで再び急激に増大。捕鯨産業は一九五〇年代から六〇年代にかけて絶頂期を迎え、ピークとなった一九六一－六二年のシーズンには六

**表2　南極海における母船式捕鯨の国別・鯨種別捕獲数**

| | シロナガスクジラ | ナガスクジラ | ザトウクジラ | イワシクジラ | ミンククジラ | マッコウクジラ | 合計 | 操業期間 |
|---|---|---|---|---|---|---|---|---|
| ノルウェー | 81,722 | 209,057 | 11,061 | 18,390 | | 37,673 | 357,903 | 1932–72 |
| イギリス | 70,546 | 107,373 | 7,791 | 3,898 | | 14,388 | 203,996 | 1931–63 |
| 日本 | 25,391 | 120,054 | 6,637 | 73,486 | 46,558 | 33,022 | 305,148 | 1935–87 |
| 旧ソ連 | 3,987 | 54,527 | 2,699 | 40,514 | 52,969 | 86,272 | 240,968 | 1946–87 |
| オランダ | 3,456 | 18,830 | 1,303 | 457 | | 3,744 | 27,790 | 1946–64 |
| 南アフリカ | 5,139 | 15,945 | 243 | 122 | | 3,756 | 25,205 | 1946–57 |
| パナマ | 5,452 | 11,810 | 1,066 | 13 | | 864 | 19,205 | 1935–40<br>1950–56 |
| ドイツ | 3,749 | 6,785 | 235 | 14 | | 439 | 11,222 | 1936–39 |
| アメリカ | 1,256 | 2,293 | 47 | | | 49 | 3,645 | 1937–40 |
| デンマーク | 315 | 556 | 22 | | | 2,114 | 897 | 1936–37 |
| 合計 | 201,013 | 547,230 | 31,104 | 136,894 | 99,527 | 180,566 | 1,195,979 | |

（出所）　小松（2001：83）を一部簡素化して著者が作成。

万六千九十頭が捕獲された（Cousteau 1988：36）。狂気に満ちたこの時代の後、鯨資源の枯渇を受けて捕鯨産業は一九七〇年代にかけて衰退期に入り、以来ブームが戻ることはなかった。

**表2**は二十世紀に十大捕鯨国によって捕獲された鯨の数を表わしている。中でもノルウェー、イギリス、日本、旧ソ連が捕鯨大国であり、世界の捕鯨で支配的な地位を占めた。鯨種別に見ると、ノルウェーとイギリスは捕鯨の経済効率を高めるために、シロナガスクジラやナガスクジラなどの大型鯨種を中心に捕獲した。これと対照的なのが日本であり、大型のシロナガスクジラから小型のミンククジラまで全鯨種を満遍なく捕獲した。一方、旧ソ連はマッコウクジラが中心だった。

鯨の主な用途は油である。鯨肉の需要が高い日本とノルウェーを除き、ほとんどの国は鯨を油の塊と見ていた。鯨油は照明、潤滑油、軟石鹸の材料などに使われた。二十世紀初めの化学産業の発達によって、鯨油はマーガリンの材料という別の用途を見つけた。さらに、石鹸製造の過程で鯨油から副産物としてグリセリンを抽出することが可能になり、鯨油はダイナマイトや他の爆薬の材料として使われる戦略物資となった（森田 1994 : 346–7）。一方、マッコウクジラから抽出される油は、氷点下の気温でも凍らない性質があることから、軍事産業や宇宙産業にとって重要な潤滑油として利用された。

一九三〇年代までに、大型鯨種、特にセミクジラやシロナガスクジラの生息数は激減した。加えて、乱獲によって需要を上回る鯨油が生産されたため、鯨油の価格は暴落し、捕鯨産業の継続が困難になってきた。こうした問題に対処するため、一九三一年には最初の国際捕鯨協定が締結され、セミクジラの完全保護、母子鯨の捕獲禁止を定めたほか、捕鯨船に対する免許制度の導入、捕獲数の統計作りなどを決めた（Gambell 1993）。一九三七年には、日本を除くすべての主要捕鯨国が参加した新たな国際捕鯨協定がロンドンで締結された。協定ではコククジラを保護種に含めたほか、シロナガスクジラ、ナガスクジラ、ザトウクジラ、マッコウクジラについて大きさによる捕獲制限を設けた。また、南極海における操業を三か月間に制限し、一定の海域において捕鯨母船の操業を禁止した。

## † IWCの設立

第二次世界大戦中、捕鯨は概ね操業停止となった。大戦が終わる一年前の一九四四年、戦後の捕鯨の在り方を論じる重要な会議がロンドンで開かれ、これを下敷きに一九四六年、「鯨族の適当な保存を図って捕鯨産業の秩序のある発展を可能にする」(水産庁 1995:4)ことを目的として国際捕鯨取締条約(International Convention for the Regulation of Whaling = ICRW)がワシントンで締結された。同条約に基づき、鯨資源の保存や利用に関する規則を定めたり、鯨資源の調査・研究を行なう機関として国際捕鯨委員会(International Whaling Commission = IWC)が設立された(6)。しかし、IWCは鯨資源の保護と捕鯨産業の権益が衝突したため、設立当初から機能不全を余儀なくされた。さらに悪いことに、IWCには合意を加盟国に実行させる権限がなかった。IWCの決定に同意しない政府には異議を申し立てる権利が留保されたため、加盟国は事実上、いかなる決定にも拘束されずに済ますことができたのである。

**表1**が示すように、一九四〇年代から一九六〇年代にかけて、捕鯨産業は最盛期を迎えた。それは第二次世界大戦後の食糧難の時代であり、また戦争で疲弊した経済を立ち直らせるために鯨油が渇望された時代だった。捕鯨の黄金期、鯨の捕獲数は個々の加盟国に割り当てられる代わりに、全体の捕獲枠だけが定められた。捕獲枠内であれば、加盟国は好きなだけ鯨を捕獲することができた。この結果、捕鯨国は先を争って捕鯨船を漁場に派遣した。この「先に来た者勝ち」の捕鯨管理方法は「オリンピック方式」と呼ばれ、加盟国が鯨資源の保護をほとんど考慮に入れなかった証拠でもある。この馬鹿げた管理方式のために、捕鯨者が処理能力を上回る数の鯨を捕獲し、余った鯨を海に投げ捨てることもあったと言われる(森田 1994:364)。この時期に、捕獲量を決めるのに、シロナガス換算方式(Blue Whale Unit = BWU)と呼ばれる計算方法が採用された。1BWUはシロナガスクジラ一頭から

抽出できる鯨油量の一一〇バレルに相当し、それはナガスクジラ二頭分、ザトウクジラ二・五頭分、イワシクジラ六頭分に換算された。この全体の割当枠は捕鯨最盛期の一九六一－六二年シーズンまで維持されが、その時には大型鯨種は枯渇し、絶滅寸前まで追いやられた種も出ていた。BWUが廃止され、鯨種別の捕獲枠が設定されたのは一九七二年のことだった。さらに一九七五－七六年シーズンからは、数が減少した鯨種の回復を図るために、捕獲枠を厳密な科学的知見に基づいて決定する新管理方式（New Management Procedure = NMP）が導入された。

## †反捕鯨運動の興隆

一九七二年は反捕鯨運動にとって記念すべき年である。この年、国際連合人間環境会議（ストックホルム会議）が開かれたのである。「かけがえのない地球」（Only One Earth）のスローガンで有名になった同会議では、「鯨を救えずして、どうして地球が救えるのか」を謳い文句に商業捕鯨の十年間停止（モラトリアム）が提案された。モラトリアム提案は同年、IWCの場で否決されたが、世界中の人々に捕鯨問題の深刻さを認知させたという意味で、ストックホルム会議は鯨保護運動にとって画期的なイベントとして記憶されている。この年までに、石油が工業製品の主原料として鯨油にとって代わり、マーガリンは植物油から精製されるようになっていた。油抽出産業としての捕鯨の魅力は薄れ、たとえばイギリスが一九六三年を最後に捕鯨中止に踏み切るなど、捕鯨国は次々に操業を停止した。家庭では、鯨の海中での様子を撮影したジャック・クストーのテレビ・ドキュメンタリー（日本では日本テレビ系列で『驚異の世界・ノンフィクションアワー』として放送）が人々の関心を集めた。アメリカでは、人懐っこいイルカと少年の温かい交流を描いた『フリッパー』が映画やテレビ・シリーズとして人気を博した。反捕鯨の機運が醸成され、「鯨は人間の友達」との考えが世界中の人々に広まった。こうした機運が各国政府を動かし、IWCの政策に大きな影響力を及ぼすのは時間の問題だった。この時期に公海上で大規模な捕鯨に従事していたのは、日本と旧ソ連の二か国だけだった。

一九七〇年代から一九八〇年代にかけて、アメリカやイギリスなどの反捕鯨国とグリーンピースやWWFなどの環境保護団体は共同して、捕鯨国に対する攻勢を強めた。反捕鯨連合は、IWCにおいてモラトリアムを通過させるのに必要な四分の三の票を獲得するために、中立国に対する積極的な勧誘工作に乗り出した。中でも熱心だったのが当時新興の環境保護団体だったグリーンピースで、小国をIWCに勧誘するために財政援助まで行なったのである。(7) 勧誘工作によって、一九七〇年に十二か国だったIWCの加盟国数は一九八二年には三十九か国に激増した（Komatsu and Misaki 2001: 105）。一九八二年の一年間だけで、ケニア、モナコ、ベリーズなど八か国が加盟を果たし、その多くがモラトリアムに賛成票を投じた。

運命のIWC会議は一九八二年、イギリスのブライトンで行なわれた。会議では、賛成二十五、反対七、棄権五という多数で商業捕鯨モラトリアム（正確に言えば捕獲枠ゼロの取り決め）を採択し、一九八六年から実施に移された。この決定に対して、日本、旧ソ連、ノルウェー、ペルーが、シロナガスクジラやザトウクジラなどの希少種はすでに保護の対象になっており、包括的なモラトリアムの採択は不要との理由で、ICRW第五条に基づき異議を申し立てた。しかし、モラトリアムを受け入れなければ経済制裁を科すとアメリカから脅された日本は結局、異議申し立てを撤回し、一九八八年までにすべての商業捕鯨の中止に追い込まれた。(8) 反捕鯨連合にとってもう一つの勝利だと言われるのが、鯨サンクチュアリ（保護区）の導入である。サンクチュアリの基本的な考え方は、広大な海域に捕鯨禁止区域を設け、個体数が激減した種に、個体数回復の時間と場所を与えようというものである。最初のサンクチュアリが一九七九年にインド洋に導入され、一九九四年には南大洋（南極海）にも設定された。南大洋サンクチュアリはフランスが提案したもので、賛成二十三、反対一、棄権六の圧倒的多数で採択された。南大洋サンクチュアリに反対票を投じた日本は、同海域には十分な数のミンククジラが生息しており（IWC科学委員会の一九九〇年の推定では、ミンククジラの生息数は七十六万頭）、厳格な規制措置を導入すれば種の存続に影響を及ぼすことはないと主張したが、受け入れられなかった。なお一九九九年以来、オーストラリアとニュージーランドは南太平洋サンクチュアリを提案しているが、これまでのところ採択に必要な四分の三の票は得られていない。

## 3　捕鯨の現況

### †現在継続中の捕鯨活動

モラトリアムとサンクチュアリの導入によって、捕鯨に終止符が打たれたように思われた。しかし、現在の国際ルールの下で、次の五種類の捕鯨が継続中であり、これらは反捕鯨側からIWCの「抜け穴」として非難されることがある。

①商業捕鯨：商業目的の捕鯨であり、ICRW第五条に基づいてモラトリアムに異議を申し立てたノルウェーは一九九三年、ミンククジラを対象に同国沿岸で商業捕鯨を再開した。
②調査捕鯨：ICRW第八条に基づくもので、加盟国は科学調査目的の捕鯨に対して特別許可書を発行することができる。日本の南極海、北西太平洋での捕鯨がこれに当たる。
③原住民生存捕鯨：アラスカやグリーンランドのイヌイット、ロシアのチュクチ族などの先住民族に限って、伝統文化維持などを目的に、IWCによって一定枠の捕鯨が認められている。
④IWC管轄外の捕鯨：IWCが管轄するのは大型鯨種十三種だけであり、小型の鯨やイルカには捕獲制限がない。日本では和歌山県の太地や千葉県の和田浦などでゴンドウクジラやツチクジラを対象とした沿岸捕鯨が行なわれている。
⑤IWC非加盟国の捕鯨：カナダやインドネシアなどIWC非加盟国による捕鯨の規制は、各国政府に任されている。

上記五つの例外のうちで最も論争を呼んできたのは調査捕鯨である。科学調査を口実に使えば、加盟国は事実上好きなだけ鯨を捕獲することができる。日本はこのルールを使って一九八七年以来、鯨の生息数、年齢や性別構成など鯨資源の現状調査を目的に捕鯨を行なっている（Komatsu and Misaki 2001：43）。日本は当初、将来において商業ベースでの捕獲を検討しているミンククジラだけを対象に南極海で調査捕鯨を実施した。調査捕鯨は一九九四年に北西太平洋にも拡大され、捕鯨対象種も主力は依然としてミンククジラながら、ナガスクジラ、ニタリクジラ、イワシクジラ、マッコウクジラに拡大された。捕獲頭数は年によって上下するが、毎年数百頭、多くても千頭規模である。捕獲された鯨は調査後に市場で売却され、売却収入の一部は調査費用を相殺するのに使われる。この調査捕鯨について、反捕鯨側は「疑似商業捕鯨」であるとして非難を続けている。

反捕鯨側の非難の的になっているもう一つの国がノルウェーである。ノルウェーは日本と同様、伝統的に鯨肉を食べる習慣があるため、鯨油産業が崩壊した後も、捕鯨を放棄しなかった。科学調査の結果、厳しい規制の下ならミンククジラの沿岸捕鯨が種の存続に悪影響を与えることがないとの確信を得て、ノルウェーは一九九三年、アメリカやヨーロッパ諸国の反対を押し切って商業捕鯨を再開した。ノルウェーは日本と違って、モラトリアムに対する異議申し立てを取り下げなかったので、合法的に商業捕鯨を再開することができた。一方、ヨーロッパのもう一つの代表的な捕鯨国であるアイスランドは二〇〇六年から沿岸部でミンククジラ漁を再開した。

捕鯨国によるもう一つの重要な動きが、一九九二年の北大西洋海産哺乳類委員会（North Atlantic Marine Mammal Commission＝NAMMCO）の発足である。NAMMCOは鯨と他の海洋哺乳類の保護・管理を目的に設立されたもので、加盟国はノルウェー、アイスランド、フェロー諸島、グリーンランド（フェローとグリーンランドはデンマークの自治領）であり、日本とカナダ、ロシアがオブザーバーの資格で参加している。参加国の構成から分かるようにＮＡＭＭＣＯは捕鯨推進国の集まりであり、ＩＷＣの代替組織としての役目を担っている。ＮＡＭＭＣＯは反捕鯨勢力が組織に影響力を行使するのを恐れ、反捕鯨国・組織の加盟を認めていない。

## †ＩＷＣにおけるパワーバランスの変化

話をＩＷＣに戻そう。鯨資源の管理に関して一九九〇年代に注目すべき動きがあった。改訂管理方式（Revised Management Procedure = RMP）の完成である。ＲＭＰは鯨の生息数に悪影響を与えないように、洗練された計算方式を使って鯨の捕獲枠を計算するコンピューター・プログラムである。長期にわたる激しい議論の末、ＲＭＰは一九九四年にＩＷＣ科学委員会の勧告に沿って採択された。これを受けて、鯨の資源管理の焦点は、改訂管理制度（Revised Management Scheme = RMS）と呼ばれる監視制度の採択に移った。しかし、ＲＭＳの完成が事実上、商業捕鯨再開の道を開くことになることから、反捕鯨国は制度そのものに懐疑的であり、二〇一〇年現在で制度は完成しておらず、捕鯨国と反捕鯨国の話し合いは膠着状態のままである。

ＲＭＰの採択と南太平洋サンクチュアリの否決はある意味、ＩＷＣのパワーバランスの変化を反映したものである。ここでＩＷＣにおける勢力地図の変遷を概観してみよう。誤解を恐れずに簡略化して言えば、ＩＷＣの歴史は次の三段階に分けることができる。第一段階（一九四八年のＩＷＣ設立から一九七〇年代半ばまで）では、IWCは「捕鯨クラブ」だったと言えよう。加盟国の圧倒的多数が捕鯨推進国だったのである。こうした加盟国の構成を反映して、捕獲枠に関する加盟国の要求はほとんど検討もされずに通り、大型鯨種が乱獲された。第二段階（一九七〇年代後半から一九九〇年代半ばまで）はまさしく第一段階の逆となった。IWCは「反捕鯨クラブ」と化し、モラトリアムやサンクチュアリが少数の反対にあっただけで、次々に採択された。こうした傾向は一九九〇年代後半に緩やかな変化を見せる。かつての反捕鯨国の一部が捕鯨容認に傾いたり、捕鯨推進国がIWCに新規加盟するなどの動きが出てきた。IWC内の空気の変化は南太平洋サンクチュアリの否決に象徴的に表われた。この第三段階では、捕鯨推進側も反対側もIWCの意思決定に際して決め手を欠き、IWCは重要な決定ができないという袋小路に陥っている。

IWCにおけるパワーバランスの変化を生んだ要因は何だろうか。反捕鯨側は、日本の不公正な行為が変化の原因であると主張する。日本は開発援助金を使って、アンティグア・バーブーダ、グレナダなどの小国の政策に影響力を行使したという非難である（星川 2007 など）。非難の正否はさておき、IWCで投票に付された案件に関して、カリブ海の小国が日本の立場をほぼ毎回支持しているというのは事実である。これに対して日本は、カリブ海諸国などの海洋国家が日本を支持するのは、天然資源、特に漁業資源の経済的重要性を認識するようになったためであると主張する（Komatsu and Misaki 2001）。漁業資源の経済的重要性と言えば、鯨は魚を大量に捕食することで漁業資源に悪影響を与えていると日本の科学者が発表して論争になったことがある。たとえば、田村と大隅は一九九九年、鯨が年間に捕食する魚の量は二八〇万トンから五〇〇万トンに上り、世界中の漁獲高の三倍から六倍に相当するとの研究結果を発表した（Tamura and Ohsumi 1999）。これに対して環境主義者は、試算は小魚やプランクトンなど人間の消費に向かない漁業資源を含んだ「誤った単純化」であると反論している（WWF 2001 : 17）。

## †ホエール・ウオッチングの発明

ここまで人間と鯨の関わりについて、主に捕鯨の歴史やその是非に焦点を当てて見てきた。しかし、二十世紀後半になって、鯨とのまったく新しい関わりを模索する動きが出てきた。鯨やイルカを自然観察するホエール・ウオッチングの発明である。ＷＷＦ（2001）によると、二〇〇〇年までにホエール・ウオッチングは、八十七か国で約九百万人が楽しむ十億ドル規模の産業に成長した。一九九四年に六十五か国で五百四十万人が楽しむ五億四百万ドルの市場だったことを考えれば、飛躍的な拡大である。「鯨資源の非消費的利用」を可能にするホエール・ウオッチングは、反捕鯨論者にとって理想的な鯨利用方法である。鯨を観光資源として見て楽しむホエール・ウオッチングは実際、これまでの人間と鯨の関係を大きく変える可能性を秘めている。ただし、魚をめぐる人間と鯨の争いや、世界各地の沿岸コミュニティにおける捕鯨の文化的・経済的重要性を考えると、ホエール・ウオッチングの将来性にはまだ不確かなところが多い。

最後に、捕鯨の是非を考える議論に入る前に、大型鯨種の推定生息数を提示したい。**表3**の数字は

**表3　大型鯨種の推定生息数**

| 鯨種 | 対象海域 | 調査年度 | 推定生息数 |
|---|---|---|---|
| ミンククジラ | 南半球<br>北大西洋（中部・北東部）<br>西グリーンランド<br>北西太平洋・オホーツク海 | 1982/83–1988/89<br>1996–2001<br>2005<br>1989–90 | 761,000（現在再調査中）<br>174,000<br>10,800<br>25,000 |
| シロナガスクジラ | 南半球（ピグミーシロナガスクジラを除く） | 1997/98 | 2,300 |
| ナガスクジラ | 北大西洋（中部・北東部）<br>西グリーンランド | 1996–2001<br>2005 | 30,000<br>3,200 |
| コククジラ | 北東太平洋<br>北西太平洋 | 1997/98<br>2007 | 26,300<br>121 |
| ホッキョククジラ | ベーリング・チュクチ・ボーフォート海<br>西グリーンランド沖 | 2001<br>2006 | 10,500<br>1,230 |
| ザトウクジラ | 北西大西洋<br>南半球（夏季南緯60度以南）<br>北太平洋 | 1992/93<br>1997/98<br>2007 | 11,600<br>42,000<br>10,000（少なくても） |
| セミクジラ | 北西大西洋<br>南半球 | 2001<br>1997 | 300<br>7,500 |
| ニタリクジラ | 北西太平洋 | 1998–2002 | 20,501 |
| イワシクジラ | 北大西洋・南半球・北太平洋 | | 50,000 |
| マッコウクジラ | 全海洋 | | 100万～200万 |

（出所）International Whaling Commission（2009）とWWFジャパン（2002）を参照して著者が作成。

あくまで推定値である。当然ながら捕鯨推進側は鯨の生息数を過大に見積もることで捕鯨の持続可能性を示そうとするし、一方の反捕鯨側は、まったく正反対の理由で生息数を少なく見積もる傾向がある。

# 第2章　動物保護運動と鯨

オーストラリア人「鯨は特別であり、殺してはいけない。捕鯨者は野蛮人だ」。

羊「他の社会が鯨について違った見方をしていることを考えれば、それは極めて主観的な意見ではないのかな。生物はすべて特別だというのが、より正確なのではないだろうか」。

オーストラリア人「鯨が特別なのは、鯨が特別だと私が信じているからで、それが鯨を特別にするのだ」。

羊「メーーーー」。

（極北同盟「偉大な知的論争」『インターナショナル・ハープーン』1997）


近頃、自らを動物愛好家と名乗る人が多い。動物虐待の話はメディアで大々的に取り上げられ、多くの人の関心を集める。日本では数が少ないが、動物を食用にするのは道徳的に許されないとして、肉食を拒否する菜食主義者（ベジタリアン）も世界中に数多く存在する。動物解放戦線（Animal Liberation Front＝ALF）の活動家は、人間の生命を救う新薬の開発のための実験であっても、動物の利用は許されないとして、実験室の襲撃を辞さない。

しかし、すべての動物に同じ配慮が払われるわけではない。ある動物の死には他の動物の死よりも同情が集まるし、ある動物に対する実験は他の動物に対する実験よりも世間の怒りを買う。鯨は、猿、馬、犬、猫などと並んで、特別な配慮を受ける「選ばれた」動物である。特に西洋では、鯨は大自然の象徴と見られているようであり、鯨には他の動物にはない特別な権利があると主張する人もいる。なぜ他の動物ではなく鯨なのだろうか。

## 1　動物権の思想

### †搾取の対象としての動物

「神はこのように、人を御自身の形に創造された。神の形に彼を創造し、男と女とに彼らを創造された」（創世記第一章二七）。これは旧約聖書に出てくる有名な一節であり、神から人間に語られたと言われる人間中心主義の次のような言葉が続く。「生めよ。増えよ。地を満たせ。地を従えよ。海の魚、空の鳥、地を這うすべての生き物を支配せよ」（同二八）。キリスト教は「人命の尊厳」「隣人愛」など多くの進歩的な考えを打ち出したが、対象はあくまで人間であり、動物には道徳的配慮は及ばなかった。この点、「二千頭の豚を海に投げ入れるというまったく不必要な行為をした時、イエス・キリストは人間以外の動物の運命に無関心だった」（Singer 1975 : 196）と指摘される通りである。動物に対するキリスト教のこうした姿勢は、中世最大の神学者と言われる聖トマス・アクィナスによっても確認されている。アクィナスは何の躊躇もなく述べる。「本来の目的のために物を使用することに何の罪もない。〔中略〕すべての動物は人間のために存在する」（Regan and Singer 1976 : 119）。

動物を搾取の対象と見る考えは、中世の世界観が疑問視され、古代ギリシアやローマのヒューマニズムの精神が再評価されたルネサンスの時代にも変わらなかった。ルネサンスが強調したヒューマニズムは人間の尊厳の再評価であり、人間がどのように動物に接すべきなのかは顧みられなかった。ルネサンス期の多くの思想家にとって人間が世界の中心であり、人間の持つ無限の可能性が、動物の限られた能力と対比された。高等な人間と下等な動物という二元論的対比は、近代哲学の祖と言われるルネ・デカルトによって極限まで推し進められた。デカルトは、動物は人間と違って、魂を持たない動く機械「automata」に過ぎず、「時計のように動く」だけであると論じた（Regan and Singer 1976 : 64）。デカルト哲学によれば、動物は機械と同じで意識や感情を持たず、刺激に反射的に反応するだけの存在なのだから、人間は動物の苦しみを考慮する必要はないのである。このように、十七世紀までの西洋では、動物は人間のために創造されたものであって、固有の価値を持たないと広く信じられていた。

## †倫理的配慮の対象としての動物

人間中心主義の動物観は、啓蒙主義の時代である十八世紀になると、功利主義哲学の主唱者であるジェレミー・ベンサムの登場によって、徐々に変化の兆しを見せるようになる。ベンサムは一七八〇年、高らかに宣言した。

> 動物が、暴君の手によるのでなければ決して奪われることのない権利を獲得する日が来るだろう。〔中略〕問われるべきは、動物に理性があるかどうかではないし、話すことができるかどうかでもない。苦しむかどうかである。法はなぜ、感覚のある生き物を守ることを拒否するのだろうか。
>
> (Ryder 2000 : 71 から引用)

科学の時代の様々な発見もベンサムの考えを支持した。人間と動物は多くの点でまったく異なった存在であるという先入観を裏切って、人間と動物に根本的な違いがないことは、チャールズ・ダーウィンによって明らかになった。ダーウィンは、すべての生物が自然淘汰の産物であり、現代人はサルに似た祖先から進化したものであると主張した。また、解剖学の発達によって、人間と動物の器官や神経組織が構造上ほぼ同一であることが証明された。

科学分野の発展を背景に、人間と動物の関係を見直そうという一連の社会運動が起こった。一八二四年のイギリスにおける動物虐待防止協会(Society for the Prevention of Cruelty to Animals = SPCA)

の設立は、動物の福祉が正当な社会的関心事であることを告げる出来事だった。同協会はおそらく世界最初の動物福祉団体であり、後にヴィクトリア女王によって王立（Royal）のお墨付きを与えられた。一八四七年にはベジタリアン協会（Vegetarian Society）がイギリスで設立され、菜食主義の考えと習慣を広めるのに主導的な役割を果たした（Ryder 2000 : 93）。法律分野では、一八七六年にイギリスで動物保護法（動物虐待防止法）が制定され、動物実験に内務省の許可が義務付けられた（Nash 1989 : 26）。動物福祉運動がイギリスで起こったのはなぜだろうか。この点についてライダー（Ryder 2000）は、上流階級と中流階級が前例のない豊かさを謳歌したことと、ヴィクトリア時代が比較的に平和だったことが相まって、イギリス人に動物の置かれた酷い状況に同情したり、動物の苦しみを和らげる行為を取らせるような余裕を与えたのではないかと示唆している。

大西洋の反対側のアメリカでは、イギリスより少し遅れて環境保護団体の設立ブームが起こり、一八八六年にはオーデュボン協会（Audubon Society）、一八九二年にはシエラ・クラブ（Sierra Club）が設立された。個々の動物の福祉に関心を寄せたイギリスの団体とは対照的に、アメリカの団体は原野（wilderness）の保全に焦点を合わせたものが多かった。これには、アメリカ文明にアイデンティティと意味を与えてきた西部フロンティアの消滅が影響していると言われる（Cronon 1995 ; Nash 2001 ; Oelschlaeger 1991）。すなわち、フロンティアの消滅が、残された原野を保全することの大切さをアメリカ人に分からせたというわけである。オーデュボン協会もシエラ・クラブも個々の動物の福祉を目標にしたわけではないが、原野を保全しようという意識がアメリカ人の環境意識を高め、それが野生

動物に対する興味に繋がったことは容易に想像できる。(9)

動物福祉の哲学は、動物権の代表的な論者で活動家でもあったヘンリー・ソルトによって発展した。ナッシュ（Nash 1989 : 27–8）によれば、ソルトは「剥き出しの資本主義の時代に社会主義を、ローストビーフを賛美する文化の中で菜食主義を、第一次世界大戦の最中に非暴力による抵抗と動物権を訴えた」真の因習打破主義者だった。ソルトは主張する。「そもそも「権利」というものが存在するとすれば、人間にだけ常に与えられ、動物には否定されることはありえない。なぜなら、正義や愛情という観念は両者に適用されるからである」（Clarke and Linzey 1990 : 146 から引用）。

しかし、ソルトが例外的存在だったことを忘れてはならない。実際、二十世紀の前半は、動物保護運動の休眠期だった。この時期、動物を取り巻く状況はほとんど改善されなかった。動物福祉が忘れ去られることはなかったが、一方で人々の意識の中心を占めることもなかった。この時代の政治状況を考えれば、動物保護運動の停滞も頷ける。二十世紀前半は二つの世界大戦が戦われた時代であり、動物の置かれた状況について深く思いをめぐらす状況にはなかった。戦争が終わりに近づいた時でさえ、ダルトン（Dalton 1994）が言うように、世論の関心は保護ではなく、戦後復興という喫緊の課題に向けられていたのである。

状況が変わったのは、人々が過度に物質主義的な生活様式を反省し、既存の社会秩序や習慣に疑問を投げ掛ける社会運動が起こる一九六〇年代のことだった。反体制、反産業主義、反消費主義などの考えが特に若者の間で人気を集め、自然との共生、田園での質素な生活などが理想の生き方になり、動物の搾取に反対する人々が続々と菜食主義に転向した。また、この時期に大規模な環境保護団体が次々に誕生した。たとえば、WWFが一九六一年、地球の友（Friends of the Earth＝FoE）が一九六九年、グリーンピース（Greenpeace）が一九七一年に設立された。[10] 環境保護団体の設立は、前例のない規模で世界に拡大した環境悪化に対する人々の不安感を反映していた。[11]

## †動物権と種差別

一九七五年、オーストラリアの哲学者、ピーター・シンガーが画期的な本を出版した。『動物の解放』（*Animal Liberation*）と名付けられたその本は、工場式農場や実験室における動物の酷い扱いをショッキングな写真付きで紹介し、人間の便宜のために動物を搾取することに対して強い異議を申し立てた。シンガーの平易で説得力のある主張は、多くの人々を動物保護運動に駆り立て、同書は今日では動物権運動のバイブルとしての地位を獲得している。[12] シンガーの主張の核心は「種差別」（speciesism）の糾弾である。種差別は「自分自身が属する種の利益を擁護する一方で、他の種の利益を否定する偏見と態度」（Singer 1975 : 26）と定義される。それは男女差別や人種差別と同じ範疇に属する概念であり、動物の解放を達成する知的ツールとなる可能性を秘めている。

私達は道徳的配慮をどこまで広げればよいのだろうか。この問いに対してシンガーは、苦しみを感じる能力があるかないかが重要であると主張する。すなわち、ある動物が痛みを感じたり、喜びを経験することができるなら、私達はその動物の福祉に配慮しなければならない。哺乳類と鳥類が感覚を有する存在（sentient beings）であることは疑う余地がない。魚やエビ、カニなどの甲殻類も、哺乳類や鳥類のような自己認識を持っているようには見えないが、ある状況下では苦痛の兆候を示すことがある。他方、貝などの軟体動物は、高度に発達した神経組織を持っているタコを除けば、感覚を有している可能性は極めて少ない。以上のことから、ロブスターとカキの間で食用にしてよいかどうかの線を引くことができるというのがシンガーの主張である（Singer 1975）。

それでは、感覚を有する動物すべてが同じ道徳的地位を占めるのだろうか。もしそうなら、私達は人間に接するのと同じように、感覚を有する動物すべてに接しなければならない。この問いに対してシンガー（同）は、種類の異なる生き物に対して平等の配慮を示すことが、異なった扱いに結びつくこともあり得ると考える。しかし、この説明はさらなる疑問を呼び込むことになる。すなわち、どのような基準で、異なった種の間の利益相反を調整できるのだろうか。たとえば、人間が食用に動物を殺すことは許されるのだろうか。害獣駆除は認められるのだろうか。この疑問に対しては、ヴァン・デ・ヴェールの示唆が役に立つ。「異種間の正義」（Interspecific Justice）という論文の中でヴァン・デ・ヴェール（Van De Veer 1979）は、異種間の利益対立を調整するには、①利益の重要性、②その生物の精神的能力――という二つの要素が重要であると論じている。[13] ヴァン・デ・ヴェールの考えがどのように応用できるのか事例を二つ挙げて考えてみよう。最初に、御馳走として豚カツを食べることは許されるだろうか。ヴァン・デ・ヴェールの考えでは、答えは否である。肉を食べるという人間の取るに足りない利益が、生きるという豚の死活的な利益を乗り越えることはないのである。人間は菜食だけでも十分に健康的な生活を送ることができる。次に、ペスト菌を媒介するネズミの駆除はどうだろうか。答えは可である。この場合、人間とネズミの利害は両方とも死活的なものであって平等な配慮が払われるべきである。しかし、人間の精神的能力はネズミのそれを遥かに上回るため、人間の利益が優先される。人間には未来を想像する能力があり、ネズミよりも死に対して大きな恐怖を抱く可能性が高いのである。この点シンガー（Singer 2001）も、過去を記憶したり、未来を予見するなどの形で自己を意識できる能力があるかどうかが、その生き物の利害の大きさを考える上で重要であると述べている。もちろん、現実はこの仮定よりもずっと複雑であるが、ヴァン・デ・ヴェールの考えは人間の動物に対する行為を考える際に有益である。

現代の動物権運動を主導するもう一人の有名な思想家が、「権利の見解」（rights view）を主唱するトム・リーガンである。個々の生き物の喜びと苦しみの合計から行為の正否を判断する功利主義者のシンガーと違って、リーガンはすべての個体がどの種に属するかに関わらず、いかなる状況でも犯されない生来の価値を持っていると考える。功利主義者が、ある行為によって「特定の個体が苦しんでも、別の個体がより大きな喜びを受けるのなら、その行為は正当化され得る」と考えるのに対し、「権利の見解」は個体間のそうした「差し引き合計」を認めない（Ryder 2000 : 239–40）[14]。リーガン自身の言葉を借りれば、「私達すべてが生の経験主体、意識を持った存在であり、他者にとって有益かどうかに関わらず、各々が福祉と重要性を有しているのである」（Clarke and Linzey 1990 : 185 から引用）。目的は決して手段を正当化しない。たとえば、感覚を有する動物を致死的な実験に使用することは、その実験が新薬の開発に繋がって多くの人間の生命を救うとしても、決して認められない。個々の動物の福祉が常に優先されるのである。

動物権思想が知的に成熟した一九八〇年代初めには、動物福祉・権利団体が次々と産声を上げた。たとえば、世界最大の動物権利団体である「動物の倫理的扱いを求める人々の会」（People for the Ethical Treatment of Animals＝PETA）が一九八〇年にアメリカで、二つの動物福祉団体の統合によって世界動物保護協会（World Society for the Protection of Animals＝WSPA）が一九八一年にイギリスで設立された。

以上、鍵となる思想家の考えに焦点を合わせる形で、動物福祉・権利運動の発展を概観してきた。こうした思想家は通常、人間にとって魅力的かどうかに関わらず、痛みを感じるなど一定の精神的能力を有する動物には、原則として同様の配慮が払われるべきであると考える。しかし、鯨など一部の動物が他の動物より「平等」な扱いを受けているのが現実である。理論と実際のこうした矛盾が、これから検討していく議論の大きな焦点となる。なぜ一部の動物が他の動物より関心を集めるのだろうか。鯨の何が特別なのだろうか。鯨のどのような特徴が私達人間の想像力をかき立てるのだろうか。次節ではこうした点を考えてみたい。

## 2　鯨の特殊性についての言説

「鯨はユニークで特別である」（Whales Are Uniquely Special）と題する小論の中で、国際鯨類保護協会（Cetacean Society International＝CSI）名誉会長のロビンズ・バーストウは、鯨は次の六つの点で特殊な動物であると論じている（Barstow 1991）[15]。

①生物学的特殊性

鯨の仲間には、地球上最大の動物に成長する種類も含まれる。鯨はまた巨大で複雑な脳を持っている。たとえば、海洋生物学者のサム・リッジウェイによれば、バンドウイルカは大脳皮質の発達具合などの点で、チンパンジーやゴリラなどの類人猿と人間の間に位置する。

②生態学的特殊性

鯨は人類が進化する遥か前の何百万年間にわたり、海洋生活に適応するようユニークに進化してきた。鯨は海洋の食物連鎖の最上位に位置し、海洋生態系の中で特別な機能を果たしている。

③美的特殊性

鯨は美と優雅さを備え、写真写りも素晴らしい。鯨は人類の歴史において芸術の対象となってきた。鯨は人気があるので、教育の面でも重要な存在である。

④文化的特殊性

鯨は人の精神に対して普遍的魅力を持っている。鯨の神秘性はすべての人に畏怖の念や高揚感を生じさせる。何世紀にもわたる乱獲にも関わらず、鯨は人間に対して平和的で寛容である。

⑤政治的特殊性

陸上動物と違って、海を生息場所とする鯨はどの国にも属さない。鯨は国境を越えるので、特別な対応が必要である。鯨は国際組織が管理すべきである。

⑥象徴的特殊性

鯨ほど環境に対する一般的な懸念を象徴する動物はいない。少なくとも西洋では、鯨の保護は生態系を思いやる試金石である。

バーストウは鯨愛好者の代表であり、また彼の議論は包括的でもあるので、論点を一つ一つ吟味してみるのは価値があることだと考える。鯨・捕鯨問題に関わる他の研究者や活動家の意見、考えにも言及しながら、主に前節で論じた種差別の観点に立ってバーストウの主張を批判的に検証する。

## †生物学的特殊性

第1章で詳しく論じているので、ここでは鯨の生物としての特徴については深入りせず、本やパンフレットの中で鯨の大きさや知能がどのように記述されているのかを簡単に見ていきたい。注目すべきなのは、鯨の雄大さを描写する力強い比喩表現である。

全長三〇メートル、体重一六〇トンにもなる地球史上最大のシロナガスクジラを人知がどうして理解できるだろうか。その声は地球上で最も大きく、海中で一〇〇マイル先まで届く。心臓は小型車と同じ大きさであり、動脈の中を子どもが通れるほどである。(Whale Center 1988 : 3)

巨大な体躯に加えて、複雑に見える脳の構造は、鯨を特別な動物と思わせる重要な要素である。次の一節は、アメリカにおいて科学知識の普及に大きな役割を果たした宇宙科学者、カール・セーガンがイルカの知能について述べたものである。何十もの英単語を記憶したとされるイルカと人間を比較して、セーガンは言う。「私の知る限りでは、イルカ語を覚えた人間はいない。このことが、二つの種を比較した場合の知性を表わしているかもしれない」(Sagan 2000 : 172)。セーガン(Sagan 1980 : 273)はこのほか、地球外生物とのコミュニケーションに興味を持つ前に、人類は「深海の知識人である偉大な鯨」とのコミュニケーションを確立すべきであると訴えている。

前章で見たように、鯨の知能については科学者の間で必ずしも合意が得られていないが、知能論争を違った角度から議論するために、鯨が人間を除く他の動物より遥かに高い知性の持ち主であることが証明されたと仮定してみよう。この発見によって、鯨の特別扱いが認められるだろうか。議論を分かりやすくするために、鯨を人間に置き換えて考えてみよう。誰かが「知能テストで高得点を出した生徒は、点数の低い生徒よりも重要であり、大きな権利を持っている」と発言したら、その発言者は間違いなく厳しい批判に曝されるだろう。動物の価値を論じるのに、人間と違った基準を当てはめるべき理由は見当たらない。ここで、ベンサムやシンガーが動物に対する配慮を論じた際、どのような基準を適用したのかを思い出してみよう。二人の哲学者が強調したのは、知能の優劣ではなく、感覚を有するかどうか、平たく言えば、苦しみを感じる能力があるかどうかだった。これに対して、鯨は自己認識と理性を持っていると反論する人がいるかもしれないが、同じことが豚や鹿のような他の哺乳類にも言える。生きる権利の点で、鯨とこうした動物に違いはない。以上のことから、種の価値を判断する基準として、知能を物差しに使うことに問題があることが分かる。

なおバーストウは、巨大さと知能の高さから鯨の生物学的特殊性を論じたわけだが、この選択自体が恣意的であるという批判も当然成り立つ。基準は何でもよいが、たとえば飛翔能力、視力、柔軟性などに着目すれば、鯨は特殊でも何でもない。

## † 生態学的特殊性

哺乳類でありながら水中に生息する鯨が、ある意味でユニークな存在であることは疑いがない。このユニークな生活様式、人類学で言う「変則性」(anomality) は重要である。変則性というのは、普通ではない物、従来の分類に当てはまらない物を指す。アルネ・カランとブライアン・モーランは、鯨は変則動物であると主張する（Kalland and Moeran 1992 : 6）。分類学上では鯨は哺乳類であり、肺呼吸をする胎生の温血動物である。同時に、鯨は魚類と同様に足ではなくヒレを持つ水生動物である。このように鯨は、哺乳類と魚類の両方の特徴を持つ越境的な位置に立つ。変則動物は、既存の分類や範疇に収まらない存在であるため、畏怖、恐怖、神秘などの気持ちを人間に呼び起こし、タブー視されることが多い。

変則動物が、世界でどのように認識されているのか調べてみるのも興味深い。たとえば、コウモリは哺乳類でありながら、鳥のように空を飛ぶ典型的な変則動物である。コウモリは中国では幸運と幸福の象徴であり、五羽のコウモリ（中国語の発音ではwu-fu）は五つの祝福、すなわち健康、富、幸運、長寿、平穏を表わすと言われる（Altringham 2003 : 10–1）。しかし西洋では、コウモリはその外見（羽のない剥き出しの身体など）と生活スタイル（夜行性で、洞窟や廃墟に生息することなど）から、病気や黒魔術、死、吸血鬼などを連想させ、マイナスのイメージで捉えられている。変則的なものは一般的に、プラス、マイナスどちらにせよ極端な見方をされることが多い。イギリスの人類学者、エドマンド・リーチの言葉を借りれば、「タブー視されるものは、神聖であり、価値があり、重要であり、強力であり、危険であり、触れてはならず、不潔であり、言葉にするのも憚《はばか》れるものである」（Leach 1964 : 37–8）。

バーストウによれば、鯨が特別視されるもう一つの生態学的理由は、海洋で食物連鎖の頂点に立つ捕食者であるという事実に由来する。実際、シャチは地球最大の捕食動物であり、大型の鯨さえ獲物とする。生態系の中では、最上位に立つ捕食者は、獲物の数を持続可能な水準に保つ役割を果たす。天敵となる捕食動物がいないと、動物の多くは食糧不足で餓死する限界まで増加してしまうのである。しかし一方で、獲物がいなければ捕食者が餓死してしまうことも事実である。捕食者と獲物は相互に依存しており、生態系の中で捕食者が獲物よりも重要な存在であるということはない。

バーストウ（Barstow 1991 : 7）はまた、人間と鯨は、人間が陸上、鯨が海中というように「地球上で進化の二つの山のピーク」に位置する点で似ているという。しかし、この主張には疑問を投げ掛けざるを得ない。鯨が自ら置かれた環境の中で素晴らしい進化を遂げたこと、海洋生態系の中でユニークな位置を占めることを認めるとしても、同じことはすべての生物に当てはまる。ある種の生物が過酷な生存競争を気の遠くなるような時間にわたって生き抜いてきたという事実は、その生物が環境に見事に適応してきた何よりの証拠である。タコはその形態や生態の点で、海中においてユニークに進化してきたし、「生きた化石」と呼ばれるオウムガイは何億年もの歳月を生き抜いてきた点で、ユニークな存在である。あらゆる種がその置かれた環境の中で特別な存在であり、何らかの役割を果たしている。生態学的にみて、鯨が他の種よりも特別な存在であるということはない。

### † 美的特殊性

バーストウの主張の三番目は、鯨の美的価値に関するものである。鯨は審美的動物であるというわけだが、誰もが鯨に同じ価値を見出すと考えるのは誤りである。ある動物が美しいかどうかは極めて主観的な価値判断だろう。ある人々にとって、鯨は特別な感情を呼び起こす美しい動物かもしれないが、鯨を単なる大きな魚だと考える人もいる。特定の動物に特定の価値を与えるのはその人の自由だが、他人も同じ価値観を持つべきだと考えるのはナイーブ過ぎる。

とは言うものの、多くの人が鯨に魅了されているのも事実である。それでは、なぜ人間の目に鯨は魅力的に映るのだろう。鯨の虜になるメカニズムはどのようなものだろうか。人とペットの絆に関する論文の中で、キッド（Kidd and Kidd 1987 : 141）は「小さな口、短い手足、大きな頭、見るからに大きな目、頼りない行動」など哺乳類の赤ちゃん特有の特徴は、助けてあげたい、守ってあげたいという大人の反応を刺激すると述べている。この「可愛さへの反応」（cute response）という考えを最初に打ち出したのは、ノーベル賞受賞者のコンラート・ローレンツである。ローレンツは、丸い形、柔らかな皮膚、ぎこちない動きなどの赤ちゃんの特徴は大人の目には可愛いらしく映り、こうした反応が幼児に対する親の適切な反応を保証すると論じた（Serpell 1986 : 61）。可愛いと言うには大き過ぎる種類もあるが、こうした哺乳類の赤ちゃんの特徴が、鯨の特徴そのものであるという事実は興味深い。

可愛さと言えば、鯨と共通点が多い動物に同じ海生哺乳類のアザラシがいる。両動物とも、手足が短く、脂肪をたっぷり蓄えた丸味を帯びた体型をしていて、人を和ませる魅力を持っている。日本でも、河川に紛れ込んだアザラシの話がメディアで大きく取り上げられることが多い。アザラシがこれほど注目を集めるのは、人間の目に可愛らしく映るからである。しかし繰り返すが、美的価値観は極めて主観的なものである。さらに言えば、ある動物が美しいからといって、その動物が（人間から見て）美的でない動物より特別な存在であるという主張は種差別の非難を免れることができない。

### †文化的特殊性

バーストウの主張の四番目は、鯨の文化的側面に関するものである。バーストウの見解では、鯨は神秘的な雰囲気と気立ての優しさのために万人受けする普遍的な魅力を持っている。実際、鯨について書かれた書籍や新聞記事、鯨について語られたインタビューでは、「神秘性」（mystery）「神秘的な」（mysterious）などの表現が多く見られる。次は英タイムズ（*The Times*, 18 June 1996）の記事からの引用である。記事の見出しは「深海の眠り」。

鯨の最大の栄光はその神秘性にある。深海の素晴らしい海獣。深海の知を身に付けた海の知識人。鯨は「太古の、夢も見ないような、何者にも妨げられない眠り」の中に置かれるべきだ。

鯨の神秘性は、実際に鯨を間近に見た場合にさらに大きくなるようである。鯨類保護協会（Whale Conservation Institute＝WCI）副代表のイアン・カーは鯨をすぐ近くで見る機会に恵まれた幸運について語る。「海に潜ると、スクールバスと同じサイズの動物が近づいて来てあなたを見つめる。それはあなたの世界観を確実に変える」（著者のインタビュー 2001）。

タイムズの記事もカーの言葉も、鯨の神秘性を海と結び付けていることに注目したい。海は広大かつ深遠であり、探検し尽くされた陸地と違って、人類にとって未知の領域である。そこは不思議な生き物と怪物の棲む世界である。未知の存在は謎めいていて、私達の想像力をかき立てる。グリーンピース・イギリスの元代表で、グリーンピース・インターナショナルの代表も務めたピート・ウィルキンソンは言う。

海は、誰もが何の疑いもなく見つめるべき最も素晴らしい領域だと思う。海はあなたにこれまでと違った世界観をもたらす。海を見れば、「宇宙船地球号」（Spaceship Earth）という概念が理解できる。海が本物なのは、そこであなたは大自然のなすがままの存在に過ぎないからである。〔中略〕海で出会う鯨は本当に驚くべきものである。自律し、自己充足していて、知的である。鯨を謎めいた存在にしているのは海である。（著者のインタビュー 2001）

海と聞いて自由を連想する人もいる。過激な抗議活動で知られる環境保護団体、シー・シェパード（Sea Shepherd Conservation Society = SS）を率いるポール・ワトソンは言う。

海は私にとって自由を意味する。完全で、完結し、解放的な自由。人類の抑圧的な法律からの自由、厄介事からの自由、邪魔されずに考えに耽る自由。最も大切なのは、海に出れば、私は地球

と海、そこに棲む生き物を守ることができる自由が手に入ることだ。（Watson 1994 : 229）

二つの引用から、海はある種の高揚感や超越感を人間心理にもたらす特別な働きがあることが分かる。それでは、海の何がこのような不思議な感覚を呼び起こすのだろう。何物にも視界を妨げられない絶対的な開放感だろうか。あるいは海中では視界が利かないことと何か関係があるのだろうか。周知のように、海水は水と塩から構成され、水は世界中で宗教儀式に広く使われる。宗教学者のミルチャ・エリアーデは、すべての潜在性を秘める水は生命の象徴であると述べている（Eliade 1958）。水はあらゆる種の容器であり、あらゆる存在の源である。水は神聖視され、多くの社会で浄化の道具に使われる。たとえばキリスト教では、水は洗礼式で重要な役割を果たす。ヒンズー教において、ガンジス川は生と再生の場所として特別な意味を持っている。水は万物を浄化し、新しい生命を育む。人間心理における水の役割に関してフィン・リンジは母体の羊水と海水との類似点を指摘する（Lynge 1993 : 42–3）。水は私達すべてが生まれる場所であり、人を引きつける不思議な力があるというわけである。それでは、塩はどうだろうか。面白いことに、塩も社会によっては浄化の象徴である。日本では、相撲の力士は立ち会いの前に塩で土俵を清め、神への尊崇の念を示す。

バーストウによれば、鯨が文化的に特別なもう一つの理由は、その優しい性質である。ザトウクジラが複雑な「歌」を歌うことを発見したことで有名なロジャー・ペインは言う。

鯨が優しいのは、恐れを感じずに生命を見つめたり、平穏な気持ちで世界に向き合うことができるからである。〔中略〕鯨が私の心を捉えるのは、こうした静寂感であり、ゆったりした生活、攻撃的でない力である。（Payne 1995 : 21）

アメリカ鯨類協会（American Cetacean Society = ACS）会員であるダイアン・ハスタッドは、バハ・カリフォルニアでコククジラに魅了された経験を次のように話す。「彼らは単なる不格好な動物ではありません。彼らは本当に優しく船の近くまで浮上して来ます。彼らは本当に強いけれど、とても優しいのです」（著者のインタビュー 2001）。「心優しい巨人」のイメージには少なくとも二千年の歴史がある。たとえば、古代ギリシア人は文学の中で、鯨やイルカの優しい性質について称讃している（Dietz 1987 : 147）。

何世紀にもわたる乱獲にも関わらず、鯨が人間に対して攻撃的に出ることがほとんどない理由については様々な意見がある。ペイン（Payne 1995）は、鯨が寛容なのは恐怖心が発達していないためであると見ている。一方、イルカ研究のパイオニアとして有名なリリー（Lilly 1978）は、鯨が人間を挑発しないのは、自らの体験と仲間からの情報で、人間の残酷さを熟知しているからだと推測している。しかし、鯨が草食動物ではなく、肉食動物であるという事実を忘れるべきではない。鯨が友好的で遊び好きな動物であると信じている人が多いが、アメリカの海洋生物学者、ジョン・ヘイニングの言葉を借りれば、それは「よくある思い違い」であり、「実際の鯨は、人間や多くの動物と同様、仲間を苛めたり、殺したりする」のである（著者のインタビュー 2001）。また、イルカ研究者の村山司（2009：123–4）は、ヨットが転覆して漂流した人がボートをイルカにつつかれて怖い思いをしたという話を紹介し、イルカは好奇心が強いだけで、そもそも私達を「人間」と認識しているかどうか分からないと述べている。

## †政治的特殊性

次に、鯨の政治的側面を見てみよう。バーストウ（Barstow 1991：5）は「国内で飼育される家畜と違って、鯨は野生動物であり、国際的管理下に置かれるべき渡りの習性を持つ」と言う。この指摘は一見もっともである。実際、環境主義者はしばしば、日本やノルウェーの捕鯨に反対する理由として、「共通財産としての鯨」論を展開する。たとえば、前述のウィルキンソンは「鯨は共有資源であり、特定の国に属さない。鯨は海の共通財産である」と主張する（著者のインタビュー 2001）。「共通財産としての鯨」論によって導かれるのは、鯨の管理は各国の自由裁量に任せるのではなく、IWCのような国際組織が責任を負うべきであるという主張である。[16] 環境主義者の考えでは、たとえ鯨が捕鯨国の排他的経済水域で見つかっても、捕鯨国に独占的な捕獲権が付与されることはない。なぜなら、移動性動物の鯨は反捕鯨国の海域にも進出するからである。

それでは、鯨は共通財産として扱われるべきであるという主張は実際に成り立つのだろうか。公海の鯨がどの国にも属さない共通資源であるという点では、捕鯨国と反捕鯨国の見解は一致している。

しかし、ここで問題になるのは、同じ理屈がすべての動物に当てはまることである。動物は、餌を求めて国境を越えるのが通常である。鹿、狐、ネズミすべてが、人間が決めた人工的な国境に捉われない。餌や休息場所を求めて、何千キロも移動する渡り鳥も同様である。そもそも、国境という考え自体、人間が任意に決めたものであり、人間以外の動物は、人工的で恣意的な国境を意識しない。好きな時に、好きな所を動き回る動物には国境は存在しない。以上のことから、鯨が政治的に特殊であるという主張には無理があることが分かる。

### †象徴的特殊性

バーストウの最後の論点は鯨の象徴的特殊性である。象徴は極めて曖昧な概念であり、その定義、使用方法とも幅が広い。象徴の研究が学問の大きな柱になっている人類学では、クロード・レヴィ＝ストロース、エドマンド・リーチ、ヴィクター・ターナー、クリフォード・ギアツなどが、神話や儀式を含む人間の行動を分析する道具として、象徴という概念の把握に努めてきた。広義の意味では、象徴は何か他のものを指したり、表わしたりする行為や物事のことである。象徴は、同じ象徴に様々な人が様々な意味を付与する多義的な概念である。

それでは、鯨は何を象徴しているのだろう。ストット（Stoett 1997：28）は、鯨が象徴するのは「自然の素晴らしさと人間の愚かさの両方」であると言う。前者の意味では、ケンドール捕鯨博物館（Kendall Whaling Museum＝KWM 二〇〇一年、ニュー・ベッドフォード捕鯨博物館に統合）の学芸員であるマイケル・ダイアーの説明が典型的である。ダイアーは言う。「偉大で、怪物的で、強力な最後の自然。人間の経験より偉大な何か。人間のコントロールの及ばない何か」（著者のインタビュー2001）。鯨は「海洋における神秘的で、驚異的で、生命を育むものすべての象徴である」（Ellis 1992 : 462 から引用）と見る者もいる。しかし、鯨が最も輝いて見えるのは、後者の愚かさの意味、すなわちグリーンピースの野生動物運動家、アンディ・オタウェイが言うように「鯨の生存が、人類の略奪的な破壊から地球を守る闘いを象徴する」（Greenpeace 1992 : 1 から引用）時かもしれない。鯨は、環境破壊、貧富の格差拡大、核兵器による人類消滅の危機など、資本主義と科学技術の発達がもたらした負の側面が露わになった二十世紀後半、啓蒙的な役割を果たすようになった。陰鬱な現実に直面した人類が、平和主義、優しさ、周囲の環境との調和など鯨が持つと言われる特質の中に、救済を求めたのも無理はない。近代化の破壊的な側面を危惧する人にとっては、鯨は地球環境の悪化をもたらした経済至上主義とは正反対の価値観を代弁したのである（森田 1994 : 389）。あるいは鯨は、人類が自然と共存しながら静かで調和的な生活を送っていた「失われた世界」、現代人の心に深い傷を残すストレスや緊張などから解放された「理想郷」として機能しているのかもしれない。

鯨の象徴性をさらに考察するために、次の二つの発言を検討してみよう。一つはWCIのカーによる「鯨は偉大な導管の役割を持っていて、困難な問題を話し合うための梃子の役割を果たす種である」（著者のインタビュー 2001）との発言。もう一つはACS代表のケイティ・ペンランドの「鯨は海のカナリアのようなもので、海の健康状態の指標となっている」（著者のインタビュー 2001）という発言である。最初の発言が示唆しているのは、鯨の保護は一動物種の保護にとどまらず、生物多様性の減少や自然破壊などの問題に対して人類の目を開く役目を持つという確信である。「鯨を救えずして、どうして地球が救えるのか」という一九七二年のストックホルム会議で唱えられたスローガンは、この文脈で理解されるべきものである。二番目の「鯨＝カナリア論」は最初のものと関係しているが、より実用的な価値を鯨に見出そうというものである。すなわち、カナリアが炭坑内の空気の異変を知らせる警報として用いられるのと同様に、鯨の個体数が海の健全性を示すという考えである。ここでは、鯨は海面下で何が起きているのかを知らせるバロメーターとして捉えられている。

鯨が海の健康状態の指標となりえるのは事実かもしれない。しかし、それは珊瑚礁であれ、マグロであれ、海洋生物すべてに当てはまることである。加えて、世界中の人すべてが鯨の象徴的価値に同意するとは思えない。敬虔なヒンズー教徒にとって、神聖で特別な動物は牛であり、モンゴル人にとっては民族の誇りやアイデンティティを象徴するのは馬である。

鯨の象徴的意味合いの考察の最後に、カリスマ性について考えてみたい。バーストウは「カリスマ」という言葉を使ってはいないが、環境主義者が鯨の魅力について語る際に頻繁に使われる言葉の一つである。鯨を修飾する言葉としてカリスマが使われている例を挙げてみよう。たとえばＫＷＭのダイアーは「鯨は偉大なオーラに包まれている。人は海上に飛び上がるザトウクジラや、愛らしい白黒のシャチに、美やカリスマを見てとるのである」と述べる。一方、フリーマンとクロイター(Freeman and Kreuter 1994 : 1) は、象と鯨が世界中でどのように認識され、管理されているのかを論じた著書『象と鯨――誰の資源なのか』（*Elephants and Whales : Resources for Whom?*）の中で、鯨を「カリスマ的大型動物相」（charismatic megafauna）と呼んでいる。象と鯨が共有する特徴は多い。象は最大の陸上動物であり、鯨は最大の海洋動物である。両動物とも、高い知能を持つと信じられており、環境保護運動の象徴として崇拝されている。両動物とも、西洋では保護の対象となっているが、アフリカやアジアでは作物や水産資源に損害を与える厄介者扱いされることがある点も共通している。

カリスマは本来、「恩恵」や「天賦の才能」を表わす神学用語だったが、マックス・ウェーバーが支配や権威を論じる際の社会学用語として使って以来、ある特定の人が持つ神秘的な特性や魅力を指すようになった。ウェーバーはカリスマを次のように定義する。

個人が持つ特性であり、それによって、その人は普通の人と懸け離れた存在となり、超自然的、超人的、あるいは少なくても特殊例外的な力や特質を授かった者として扱われる。〔中略〕多くの場合、それは魔法の力に依存したものと考えられている。〔中略〕重要なのは、その個人がカリスマ的権威への服従者、信奉者、弟子にどのように見られているかである。（Weber 1968 : 48）

ウェーバーが合理的・法的な権威と対比させ、カリスマは合理的な説明を超えた不可思議なオーラを秘めていると論じたことは、鯨の特殊性を考える上で極めて示唆に富んでいる。

## 3　種差別、擬人化、鯨の権利

### †種差別再訪

前節では、鯨が特別扱いされる六つの理由を考察する中で、どの理由にも誤解や矛盾、一方的な思い込みなどが含まれていることを指摘した。[17]次に、種差別の考えを再び援用して、鯨を特別視することとの問題点を検討してみたい。まず最初に、種差別の定義を思い出してみよう。種差別とは「自分自身が属する種の利益を擁護する一方で、他の種の利益を否定する偏見と態度」（Singer 1975：26）であり、この考えは動物に対する不公平な扱いを告発する上で大きな役割を果たした。しかし、この定義は過度に人間中心主義（anthropocentrism）的であり、人間（正確に言えば、人間という動物種）と動物（人間以外の動物種）の二元論に基づいているという点で、また動物間にヒエラルキーがあるのかどうかについて曖昧な点で問題である。[18]むしろ、人間と人間以外という狭い定義ではなく、動物同士の関係にも言及するという意味で、種差別を「種の違いに基づく恣意的な差別」と定義すべきではないだろうか。この新しい種差別の定義を分析の道具に使って、鯨の特殊性に関するバーストウの議論を再吟味してみよう。

バーストウが、鯨を他の動物より抜きん出た特殊な存在であると考えていることは明らかである。バーストウは、自分の考えを正当化するために、他の動物には欠けていて、鯨が持っていると考えられる六つの特徴を挙げた。しかし、鯨は本当にユニークな存在なのだろうか。鯨が特別ユニークな存在ではないことを示すために、他の動物の特徴を検討してみよう。すべての動物がユニークであり、検討の対象とすることができるが、ここでは多くの人に人気があり、反捕鯨を国是とするオーストラリアの代表的な動物であるカンガルーを例に挙げて論じてみたいと思う。

次は、バーストウの六つの論点に基づいて著者が考えたカンガルーのユニークな特徴である。カンガルーは母親の腹部にある育児嚢の中で赤ちゃんを育てる有袋類であり、その姿は人間が赤ちゃんを抱いたり、背負ったりして育てるのと似ている。加えて、カンガルーは二足で走る点でもユニークである（①生物学的特殊性）。カンガルーは特殊な進化を遂げ、オーストラリアだけに生息する点でもユニークである（②生態学的特殊性）。カンガルーは、オーストラリアを代表する航空会社であるカンタス航空がロゴに用いるほど芸術的にも価値が高い（③美的特殊性）。カンガルーは平和な動物であり、人間の精神にアピールする魅力を持っている（④文化的特殊性）。カンガルーはオーストラリアの州境を乗り越え、先住民のアボリジニと中央政府の共通財産であるという点でもユニークである（⑤政治的特殊性）。アボリジニの中にはカンガルーを自然の象徴と見る者も多い（⑥象徴的特殊性）[19]。結論として、カンガルーが特別な動物であることは明白であり、その捕獲や駆除は永久に禁止されるべきである。

以上のことから分かるように、カンガルーはバーストウの六つの論点すべてを満たす動物である。しかし現実には、羊の飼育に必要な牧草を食い荒らすという理由で、毎年数百万頭が害獣として駆除されている。[20] 多くのオーストラリア人にとって、カンガルーは厄介者以外の何者でもない。ところが、鯨の話になると、オーストラリア人の態度は一変する。オーストラリア人はカンガルーの駆除を正当化できるだろうか。この点について、種差別廃止のイデオローグであり、自身オーストラリア人のピーター・シンガー（Singer 1984 : 3）は「その質問はすべてのオーストラリア人を困惑させる」とした上で、カンガルー駆除と捕鯨は倫理的には何ら変わらないと断じる。シンガーによれば、オーストラリア人がカンガルーと鯨に対して一貫した態度を取らないのは、オーストラリアという国の利害の反映である。つまり、大多数の、特にヨーロッパ系のオーストラリア人にとって、カンガルーは農民の利害と衝突する脅威であるが、鯨はオーストラリアの漁師にとって影響は軽微であり、そのため扱いが異なるというのである（Singer 1984）。

こうしたダブル・スタンダード（二重基準）は種差別に当たるのではないだろうか。それとも、動物界に存在するランク付けを反映しているのだろうか。グリーンピース・カナダ元代表のパトリック・ムーアは「あるレベルでは、すべての生き物は神聖かつ平等である」（著者のインタビュー 2001）としながらも、知能、速さ、強さなどの点でヒエラルキーが厳然と存在すると指摘する。さらに、こうした基準が人間の主観的な物差しに過ぎないと認めた上で、「私達は、自分達にとって何がよいのかという視点で物を見る。私は結論として、人間という種にとって鯨を神聖な存在と位置付けることはよいことだと思う」（同）と言うのである。

ある動物を他の動物より高く位置付ける道徳的根拠とは何だろう。この疑問に対して、クラップハム（Clapham 1997 : 126）は、動物保護運動の中で「鯨はよいスタートになる」と明快である。環境保全や動物保護について言えば、何もしないより何かした方がよいのは当然である。鯨の保護が時の経過とともに、他の動物の保護に広がっていくのであれば、なおさらである。この浸透効果のシナリオにも一理ある。しかし、鯨の特別扱いは「えこひいき」の誹りを免れないし、最悪の場合は、鯨だけを特別扱いし、同じような苦境にある動物の苦しみに目を閉ざす「選択的無関心」（Serpell 1986 : 157）に繋がる恐れもある。

鯨の問題に最初に取り組み、他の動物の保護を後回しにすることは許されるだろうか。[21] 議論を分かりやすくするために、鯨を人間に置き換えて考えてみたい。全人類を絶滅させる可能性のあるウィルスが世界中に広まった状況を想像してみよう。ウィルスは伝染力が強く、一度感染すれば宿主は間もなく死ぬ。幸いにもワクチンがアメリカの研究者によって開発されたが、大量生産して全患者に接種するには時間がかかる。この場合、数少ないワクチンの接種者を誰にするのかの選択に迫られる。鯨保護論者の主張は、「人間はみな平等だが、とりあえずアメリカ人だけ助けよう」と言うのと同じである。しかし、この「アメリカ人第一主義」には問題が多い。[22] 世界の多くの人は、その不正義、不平等を糾弾し、アメリカ人第一主義者に差別主義者のレッテルを張るかもしれない。鯨保護論者には、アメリカ人第一主義者と同じ差別的側面がある。しかし一方で、鯨を特別視する人の中には、生命に対する権利の点で鯨は人間と同じ位置に立つのだから、鯨に高い優先順位が与えられて当然と考える人もいる。次に、この主張について検討する。

## †鯨の擬人化

「どのように言い繕っても、捕鯨は殺人であり、殺人は間違っている」。この人目を引くコピーはクジラ・イルカ保護協会（Whale and Dolphin Conservation Society = WDCS）の新聞全面広告として、一九九六年五月一日付の英タイムズに掲載されたものである（*The Times*, 1 May 1996）。広告の中でWDCSはフェロー諸島の島民が行なうゴンドウクジラ漁を非難し、読者に反捕鯨運動への寄付を募った。(23) コピーの注目点は「殺処分」（slaughter）や「殺害」（kill）などの中立的な言葉の代わりに「殺人」（murder）という表現が使われていることである。WDCSの意図は、鯨を人間に見立てることによって、捕鯨の残虐性を際立たせることにある。次の例は、イギリス労働党所属の国会議員であるトニー・バンクスが、商業捕鯨を続けるノルウェーに関する一九九四年の議会討論の席上で発した言葉である。「ブルントラント［当時のノルウェー首相――著者注］が自身を社会主義者と考えているのは恥ずべきことだ。彼女は殺人者（murderer）だと思う」（HNA, *The International Harpoon*, 23 July 2001）。

このように、動物などを人間に模して表現するレトリックを擬人化と呼ぶ。擬人化は国の創世神話などに数多く使われる手法である。狼、熊、ジャガー、鷲などカリスマ性を持った動物が神の使い、時には国の創設者として現われることが多い。おとぎ話や童話も擬人化された動物の宝庫である。物語の中で動物は人間の言葉を話し、喜怒哀楽を表現する。人はこうした動物に共感したり、感情移入しがちである。

擬人化された動物が登場するのは、おとぎ話や神話だけではない。著書『人と自然の世界――一五〇〇年から一八〇〇年のイギリスにおける態度の変遷』（*Man and the Natural World : Changing Attitudes in England 1500–1800*）の中で、キース・トマスは、犬が十八、十九世紀のイギリスで「人間の最高の友」になる過程を紹介している。

犬を感傷的に扱った出版物は、ジョセフ・タイラーの『犬の一般的な性格』（*The General Character of the Dog*）（1804）が出版される十九世紀まで存在しなかった。十九世紀というのは、ドッグ・ショーが始まったり（一八五九年）、ケネル・クラブ（Kennel Club）が設立されたり（一八七三年）、数え切れないほどの犬の詩が人の視点で書かれた時である。しかし、犬への愛着が本格化するのは近代初期に入ってからである。十八世紀までに、犬は「私達が知っている四足動物の中で最も利口」と一般的に認められるようになり、「信頼できる召使い、人の謙虚な仲間」と称讃されるようになった。［中略］また、犬を国家の象徴とみなす傾向が明らかにあった。（Thomas 1983 : 108）

このように、犬は「四足動物の中で最も利口」と描写され、「信頼できる召使い、人の謙虚な仲間」と擬人化され、「国家の象徴」とまで讃えられている。興味深いことに、こうした犬の特質は、環境主義者が鯨を描写するのによく使われる表現でもある。十九世紀のイギリスで起きた犬ブームは、イルカ・ショーの出現、鯨保護団体の設立、鯨に関する本の出版ブーム、『フリッパー』（*Flipper*）、『フリー・ウィリー』（*Free Willy*）など鯨やイルカを主人公にした映画の制作など、二十世紀後半以降の鯨ブームとよく似ている。ペットとして飼われる犬と、自然の象徴として特別な意味を付与された鯨には違いもあるが、こうした数多くの類似点は極めて示唆に富む。

鯨は人間と同等の存在であると考える人もいる。たとえば、シー・シェパードのワトソン（Watson 1994 : 164）は「人間という種（humankind）との共存状態に到達する努力の中で、私は鯨という種（whalekind）を代表している」と述べる。ワトソン（Watson 1994 : 132）はまた、「私は、自分より遥かに優れた生き物〔鯨のこと――著者注〕の運命を決めることを当然視する人間科の半神半人集団（a bunch of hominid demi-gods）による、取るに足らない霊長目の争いに飽き飽きした」と述べるなど、鯨を人間以上の存在にさえ位置付けている。

鯨を地球の主人公と考える者もいる。『鯨の国』（*Whale Nation*）と題された本の中で、ヒースコート・ウィリアムズは「宇宙から見れば、地球は青い。宇宙から見れば、地球は人間ではなく鯨の領域」（Williams 1988 : 8–9）と美しい詩を紡ぐ。詩には鯨の美しい写真が添えられ、宇宙から見た地球の写真は漆黒の宇宙に青く浮かび上がって印象的である。詩は「青い海は地表の十分の七を覆う。五千万年の微笑を持つ、史上最大の頭脳の領域」（同）と続く。うっとりするような詩と息を飲むような美しい写真に溢れたウィリアムズの本を読んだ者は、鯨の魅力に心を奪われずにはいられない。

## †権利の主体としての鯨

鯨の擬人化は、アメリカの法律家が鯨の権利を法体系に盛り込むことを求める論文を発表した時、一つの頂点に達した。論文は権威ある法律誌『*American Journal of International Law*』の一九九一年一月号に掲載された。論文の著者は法学教授のアンソニー・ダマトと、アメリカ環境保護庁の専属弁護士のサディール・チョプラ。「鯨——その生きる権利の出現」(Whales: Their Emerging Right to Life)と名付けられた論文は次の書き出しで始まる。

> SF作家はしばしば、宇宙のどこかの惑星で知的生命体を発見したらどうなるかについて考えをめぐらす。こうした生命体に私達はどのように反応するのだろうか。〔中略〕小説より驚くべきことは、人間より高い知能を持っていると科学者が考える生物が地球上にすでに存在するという事実である。〔中略〕鯨は深遠な数学的詩を含んでいるように思われる言葉で互いに会話をしているのである。(D'Amato and Chopra 1991 : 21)

ダマトとチョプラの論点を整理してみよう。動物権の哲学的、歴史的側面を概観した著者は、世界の捕鯨は歴史的に見て、「自由資源」(free resource : 第一次世界大戦まで)、「規制」(regulation : 一九一八-一九三一年)、「保全」(conservation : 一九三一-一九四五年)、「保全と保護」(conservation and protection : 一九四五-一九七七年)、「保護」(protection : 一九七七-一九八二年)、「保存」

（preservation：一九八二－一九九〇年）の六つの段階を経て、現在は、商業捕鯨が恒久的に禁止され、鯨が生まれながらの生存権を持つ「権利の保有」（entitlement：現在）段階に達したと指摘する。ダマトとチョプラが鯨に生存権を認めるのは「鯨が会社［法人格を有する――著者注］よりも生命に満ち溢れていて、国際社会［国民国家から構成される一つの共同体である――著者注］よりも共同体的であり、［中略］ことによると最も賢い人間よりも知的である」からである（D'Amato and Chopra 1991 : 51）。ここでまた、鯨は動物界最高の知性を持つという、科学的に立証されていないにも関わらず広く信じられている言説に出遭うことになる。ダマトとチョプラ（D'Amato and Chopra 1991 : 61）はさらに、絶滅危惧種のホッキョククジラをイヌイットが捕らないようにするために「イヌイットは食料がより豊かな場所に移住するか、北極農場を作るか、少なくてもしばらくの間は食料を買うべきである」と提案する。彼らの考えでは、イヌイットの権利よりも、鯨の権利が優先されるのである。

ダマトとチョプラ（D'Amato and Chopra 1991 : 51）は「鯨の権利を認めることは何も不思議なことではない」と言うが、彼らの主張には二つの点で無理がある。まず第一に、ダマトとチョプラが鯨の知能の高さの根拠として、学界では信憑性に疑問符が付けられている前述のリリーの研究を引用している点である。日本鯨類研究所（鯨研）顧問の大隅清治は言う。

リリーは一九六〇年代、特にアメリカの知識人の間で大きな影響力を持った。しかし、異種間コミュニケーションに関する彼の研究は失敗に終わった。その結果、リリー神話は崩れ、今では信

用を完全に失っている。(著者のインタビュー 2001)

ロサンゼルス郡自然史博物館のジョン・ヘイニングも、海洋学者の間でリリーが信頼を失っていると証言する。

リリーは一般向けに本を書いたが、科学論文は書かず、厳密な研究もしなかった。少なくても一九七〇年代以降、彼のことはほとんど聞かれなくなった。海洋学者でさえ、彼のことを話題にすることはない。彼は一九六〇年代に強い影響力を持ったが、それはマスコミの世界での話であり、学界ではない。彼の研究は表面的なもので、あまりよいものではなかった。(著者のインタビュー 2001)

ダマトとチョプラの論文は、鯨が高い知能の持ち主であることを前提としているので、その前提が崩れると説得力を失う。ちなみに、鯨の権利を最初に唱えたのはリリーだった。リリー(Lilly 1978)は『人とイルカのコミュニケーション』(*Communication between Man and Dolphin*)と題する著書の中で、技術の飛躍的な進歩によって異種間コミュニケーションが近い将来可能になるとの楽観論を展開。さらに、人間と鯨との対話や交渉を担う「鯨コミュニケーション省」(Cetacean Communication Department)がアメリカに設立されることや、捕鯨産業に対抗するために、鯨が国際連合に代表を送る日が来ることなどを書いている。

ダマトとチョプラの主張が説得力に欠ける第二の理由は、家畜や他の野生動物の置かれた厳しい状況について、ほとんど言及していない点である。なるほどダマトとチョプラ（D'Amato and Chopra 1991:27）は「鯨と感覚を有する哺乳類のいくつかは人権（human rights）、少なくても人道主義的な権利（humanist rights）を持つ資格がある」と論じるが、主眼はあくまで鯨に置かれ、その裏返しとして、他の動物の権利が疎かにされている。鯨のようなカリスマ性を持った動物にだけスポットライトを当て、魅力の点で劣る他の動物の置かれた状況に目を閉じている限りは、人間以外の動物に権利を拡大しようとする試みは底の浅さを露呈し、科学的厳密さの点でも不十分なものに終わってしまう。

# 第3章　捕鯨問題の政治性

科学上、政治上の議論は別にして、三千万年の時を過ごし、この地球に生存する絶対で固有の権利を有したこの素晴らしい生き物を超えるような進化の段階には、人類がまったく達していないのは確かです。
（サンドラ・リー、ニュージーランド環境相　2001）

本章では、アメリカ、オーストラリアなど反捕鯨国の政治家が、自らの環境意識の高さを誇示する手段として捕鯨問題を利用してきた有り様を見る。鯨保護運動は一見、欧米人の崇高な道徳的意思の表明のように見えるが（実際、多くの市民が反捕鯨運動に参加した動機がこれである）、運動の背後にある政治的思惑を見落とせば、捕鯨問題全体の構図を捉えることはできない。反捕鯨問題では、倫理的配慮と政治的思惑がコインの表裏の関係にある。本章ではこのうち、普段は見過ごされがちなコインの裏の部分に着目したい。特にアメリカの反捕鯨政策に焦点を当てる。それは次の三つの理由による。第一に、反捕鯨運動を国際舞台に引っ張り出した張本人がアメリカだからである。第二に、アメリカは国内政策を外国に押し付けることができる独自の法制度と、それを可能にする比類のない国力を持っているからである。第三に、アメリカは他国民に捕鯨中止を求める一方で、自国民の捕鯨を容認しているという点で、捕鯨問題によく見られるダブル・スタンダードを体現しているからである。本章では、政治的思惑を優先させるあまり、科学的知見が疎かにされたり、悪用されたりする例を検討する。また、IWCやワシントン条約（絶滅のおそれのある野生動植物の種の国際取引に関する条約）などの国際交渉の場における捕鯨国と反捕鯨国との対立にも焦点を当てる。

## 1　ローマ・クラブとストックホルム会議

### †『成長の限界』が提案した捕鯨の規制

一九七二年、二十五か国の科学者や教育者、経営者から成る民間組織、ローマ・クラブ（the Club of Rome）が、貧困、環境汚染、人口爆発など地球規模の問題に対して世界が真剣に取り組むことを求める画期的な報告書を提出した。『成長の限界』（*The Limits to Growth*）と題された報告書の終末論的な文言は、成長を謳歌していた当時の世界に衝撃を与え、各国の指導者や国民に対し、浪費的な生活や成長至上主義の経済政策の再考を促した。序論には、次のような悲惨な未来図が描かれている。

世界人口、工業化、汚染、食糧生産、および資源の使用の現在の成長率が不変のまま続くならば、来るべき一〇〇年以内に地球上の成長は限界点に到達するであろう。もっとも起こる見込みの強い結末は人口と工業力のかなり突然の、制御不可能な減少であろう。（メドウズ 1972：11）

報告書で注目したいのは、捕鯨産業の規制に言及したことである。次は、「第4章　技術と成長の限界」からの引用である。

捕鯨業者は、つぎつぎと限界に達し、それを動力と技術の強化で克服しようとした。その結果、つぎからつぎへと種族が死滅してしまった。［中略］これにかわる政策は、鯨の総数が定常状態を維持するように、毎年の捕鯨量に人間が限界を定めることである。（メドウズ 1972：135）

適切な管理と保護を必要とする動物種が数多く存在する中で、報告書が特に鯨を取り上げたことは注目に値する。商業捕鯨の全面的禁止を求めていないという点で報告書の内容は穏健なものだったが、その精神は同年のストックホルム会議に継承された。ストックホルム会議には、世界百十三か国の代表、十九の政府間組織、四百を超える非政府組織が参加した（McCormick 1989：97）。これは、環境問題が国際的な場で議論され、国際社会が具体的行動を取ることを約束した最初の会議であり、人間環境の保護と改善を求める宣言をまとめ、二十六の基本原則と数々の勧告を採択した。その中の「勧告三三」は、政府間会議の場で初めて商業捕鯨の一時停止を求めたものとして画期的だった。

諸政府がＩＷＣの強化と国際的な研究努力の拡大、そしてＩＷＣと関係国政府の協力の下、緊急案件として商業捕鯨の十年間の一時停止への国際的な合意を求めることを勧告する。(UN 1973)

ここでも報告書『成長の限界』と同様、見直しが必要な人間活動の中で捕鯨が名指しで取り上げられている。「勧告三二」が「公海に生息する種と越境する種を保護する」国際的取り決めを設けることの必要性を訴えていることを考えれば、鯨の保護を求める「勧告三三」は不要に思われる。

## †ベトナム戦争と捕鯨問題

それではなぜ、報告書『成長の限界』とストックホルム会議は、数多くの問題がある中で捕鯨を取り上げたのだろうか。そのヒントは、報告書の作成も会議の開催もアメリカ主導で進められたことにある。ローマ・クラブはアメリカ支配層の利益を代表する有名なロックフェラー財団の資金援助を受けており、ストックホルム会議での捕鯨一時停止の提案はアメリカ政府によってなされた。ＩＷＣ元日本代表の島一雄は、アメリカ政府が捕鯨問題を国際交渉の議題にすることに熱心だった理由をこう説明する。

一九六〇年代、アメリカ社会はベトナム戦争、公民権運動、女性解放運動などで揺れていた。アメリカ政府と東部エスタブリッシュメントは、アメリカ市民の注意を他に向けるものがないか探していた。それが環境だった。アメリカ政府はまた、ベトナムにおける環境破壊から国際社会の関心を逸らせる手段として、捕鯨問題を利用した。特にこの時期、アメリカ陸軍の枯葉剤作戦が大問題だった。アメリカ政府はスウェーデンのパルメ首相がストックホルム会議でベトナム戦争を取り上げることを知っていた。（著者のインタビュー 2000）

島の見解を裏付ける物的証拠はない。あるのは状況証拠だけである。確かなことは、ストックホルム会議におけるアメリカの立場は矛盾に満ちたものだったということである（McCormick 1989）。アメリカは核実験の非難決議、有害化学物質の登録などの問題で反対票を投じたり、棄権したりする一方で、商業捕鯨のモラトリアムを強力に支援した。モラトリアムに見せたアメリカの熱意とリーダーシップは二つの点で奇妙である。まず第一に、アメリカは、捕鯨問題を論議するのに最適の場であるＩＷＣ会議ではそれまで一度もモラトリアムを提案していなかった。第二に、ＩＷＣ科学委員会はこれまでモラトリアムを勧告したことがなかったのである。実際、科学委員会は一九七二年にモラトリアムの是非を検討するよう求められた時、絶滅危惧種はすでに保護措置が取られているという理由で、モラトリアム決議に対して反対を表明している（Komatsu and Misaki 2001）。

## †謀略説をめぐる証言

ベトナム戦争介入の事実から世界の目を逸らせるために、アメリカ政府は捕鯨問題を利用したという主張を支持する状況証拠には他にどのようなものがあるだろうか。スウェーデンのパルメ首相がアメリカのベトナム政策に批判的だったことは当時広く知られており、パルメは実際、会議で同問題を議題にすると公言していた。インドシナ半島におけるアメリカの政策を強烈に批判したことで、一九七〇年代初めにスウェーデンとアメリカの関係は悪化。アメリカはスウェーデン大使の同国への受け入れを拒否し、一九七三年には在スウェーデンのアメリカ大使を一時的に引き揚げるほどだった(Hadenius 1990 : 135)。

アメリカ謀略説を裏付ける証言は、一九六〇年代に日本大使館員としてサイゴン(現ホー・チミン市)に駐在し、その後ストックホルム会議の日本側準備委員となった金子熊夫からも得ることができる。

六九年一月に発足したニクソン政権は、ベトナムという泥沼から抜け出すためパリでの和平交渉を進める傍ら、三年後のストックホルム会議で「戦争こそ最大の環境破壊」という世界中の環境保護グループの集中攻撃をかわすための秘策を練っていたと想像される。そして、その秘策がまさに捕鯨禁止問題であったというわけである。これもまた「ニクソン・ショック」の一つであったといえるだろう。(金子 2000 : 286)

これに対して、金子の証言は捕鯨に利害関係を持つ日本人のものであるとして、信憑性を疑う声が出て来るかもしれない。日本人以外の証言にも耳を傾けてみよう。ＩＷＣ元事務局長のレイ・ギャンベルは証言する。

ストックホルム会議は、自然と世界のすべての領域を検討するのが当初の目的だった。しかし、政治的問題など何らかの理由で、真に大きな問題で合意を得るのが難しくなった。捕鯨問題に突然焦点が移り、すべての人の関心事になった。〔中略〕「鯨の保護」が分かりやすいターゲットになった。西洋では捕鯨は重要な産業ではなくなっており、「鯨はもうこれ以上、捕ってはいけない」と簡単に言うことができたのである。（著者のインタビュー 2001）

ギャンベルは捕鯨問題とベトナム戦争の関連については一切言及していないが、ストックホルム会議の裏で政治的思惑が働いていたことを強く示唆している。この謀略説にアメリカ側はどのように答えるだろうか。次は、アメリカの海洋教育協会（Sea Education Association = SEA）会長で、ＩＷＣアメリカ代表の一人でもあったケヴィン・チューーの反論である。

ベトナム戦争に対する批判を避けるために、アメリカが捕鯨問題を作り出したというのはまったく筋が通らない。〔中略〕鯨に対してアメリカ人の多くが関心を持つようになったのは、それよりずっと古い。日本の捕鯨に反対する人は政治的な理由でそうしていると考えるのが日本では都合がよいのである。しかし実際は、アメリカ政府はアメリカ人の考えを反映しているのであって、考えを作り出すことはない。（著者のインタビュー 2001）

そう述べながら、チューは謀略説にも一定の解釈の余地を残す。「そう［政府が捕鯨問題を作り出すことはできないこと――著者注］であるからといって、アメリカ政府が、何か他のことから注意を逸らすために、国民が鯨に関心が高いという事実を利用しなかったとは言えない。その可能性はある」（同）。一方、毎日新聞記者としてストックホルム会議を取材した原剛（1993）は著書『ザ・クジラ』の中で、自身の質問状に答えたアメリカ首席代表のラッセル・トレインが、捕鯨禁止の提案とベトナム戦争の関連疑惑には根拠がないと断言したことを紹介している。真実は明らかではないが、確かなのは、モラトリアムを提案することで、アメリカが世界の環境問題の擁護者としてのイメージを得たことである。次にこの問題を見てみよう。

## 2 緑の信任状とダブル・スタンダード

### †緑の信任状

すでに見たように、アメリカは捕鯨問題をストックホルム会議の議題とする上で中心的な役割を果たした。アメリカは一九八二年にＩＷＣ会議がモラトリアムを採択する上でも主要な役割を担った。

アメリカのリーダーシップなしには、現在のモラトリアムはなかったと言えよう。そして、モラトリアムの実施でアメリカが得たものが「緑の信任状」（green credential）である。すなわち、捕鯨禁止を国際的取り決めにすることで、アメリカは環境問題に真剣に取り組んでいるというメッセージを国内外に伝えることができたのである。ノルウェーの環境運動家であるゾーレンセン（Sørensen 1994 : 30）の言葉を借りれば、「捕鯨問題は、豊かな主要汚染国に緑のアリバイ（green alibi）を買う安上がりな方法を提供する」ことになった。もう少しゾーレンセンの言葉を引用してみよう。

気候問題、酸性雨、有害廃棄物が科学的に立証された危機であり、ノルウェーの捕鯨よりも環境に対して遥かに大きな脅威であるにも関わらず、こうした問題は鯨戦争ほど人目を引かない。鯨戦争は環境の主要な汚染国にとって危険なものではないのである。（同）

ここで一言断わっておきたいが、ゾーレンセンは何らかの政治目的のために環境保護運動の信用を傷付けることを意図しているわけではない。彼女はノルウェーの環境保護団体で、ＦｏＥとも関わりがある「自然と若者」（Nature and Youth）のリーダーである。ＩＷＣ元アメリカ代表のウィリアム・アーロンもゾーレンセンと同じ見立てをしている。アーロン（Aron 2001 : 7）によれば、鯨・捕鯨問題は「アメリカや西洋の多くの国において政治家の夢」である。というのは、政治家はモラトリアムを支持することで、「商業捕鯨が禁止されても、選挙区民が職を失うことはないし、誰も食習慣を変えなくてよい」（同）一方で、環境主義者の名声を得ることができるからである。非捕鯨国の政治家にとって、コストやリスクなしで緑の信任状が得られる捕鯨問題ほど、好都合で人目を引く問題を探すのは難しい。鯨を救うと主張している限り、他の重要な環境問題でイニシアチブを発揮しなくても、政治家は満足感と票が得られるのである。

アメリカなど現在の反捕鯨国が捕鯨から撤退した理由をここで思い返してみよう。こうした国々が捕鯨を止めたのは高邁な理想や倫理的な配慮などではなく、経済的な計算、つまり捕鯨が採算に合わなくなったからである。アメリカが捕鯨から撤退した背景には、十九世紀半ばに鉄道などの新技術の発明によって、自国の労働力と資本が外部への拡大（捕鯨など）から内部への拡大（土地開発や鉱物資源の開発など）に軸足を移したことで、捕鯨産業の価値が低下したことがある（Tønnessen and Johnsen 1982 : 12）。イギリスの捕鯨産業が立ち行かなくなったのは、鯨油の抽出に集中するあまり、鯨肉などの副産物に価値を見出すことができず、結果として、日本やロシアなどの捕鯨国との競争に敗れたからである（Jackson 1978 : 246）。オーストラリアの捕鯨産業にも同じことが言える。

現在の反捕鯨国は、捕鯨問題では高い倫理観やリーダーシップを見せるが、他の環境問題での実績は次に見るように、必ずしも芳しいものではない。アメリカとオーストラリアの政治家が、身近な環境問題にどのように対処しているのか見てみよう。次の例は、問題の種類に応じて対処の基準や方法を変える政治家のご都合主義とダブル・スタンダードを知るのに十分であると思われる。

## † 地球温暖化問題に対するアメリカの政策

最初に検討するのはアメリカの環境政策である。アメリカの捕鯨政策を、狩猟の対象になっている鹿のような大型陸上動物の保護政策と比較するのも興味深いが、ここではアメリカが他の先進国とまったく違った政策を推進してきた地球温暖化問題を取り上げる。言うまでもなく、地球温暖化は全人類にとって最も深刻な環境問題の一つである。それは文字通り地球の将来の姿に直結する問題であり、対処の仕方によって、すべての生物の運命を左右するといっても過言ではない。地球温暖化は、二酸化炭素やメタンなどのガスが、地球が吸収できる限界を超えて大気中に残存し、気温の上昇をもたらす「温室効果」が原因と言われている（Paterson 1996; Victor 2001）。

先進各国は一九九七年の京都会議において、温室効果ガスの排出量を一定水準以下に抑えることで、同問題に対処することを決めた。欧州連合（EU）加盟国や日本は議定書を批准したが、ブッシュ政権下のアメリカは中国と並ぶ世界最大の温室効果ガス排出国であるにも関わらず、経済活動の妨げになるとの理由で、議定書に従わない旨を宣言した。オバマ新大統領は方針転換を表明しているが、欧州や日本のような厳格な中期目標設定には難色を示している。

地球温暖化が一動物種の保護より遥かに重要な問題であるのは疑問の余地がない。地球の気温が数度上がるだけで、低地の水没や砂漠化の進行などが起きる可能性があると言われる。その結果、百万人単位の人間が避難を余儀なくされ、多くの生物種の生息地も失われることになる。アメリカの政治家の多くは問題の深刻さを理解しているはずだが、適切な措置を講じるのに必要な経済的コストがあまりにも大きく、選挙民に負担を強いることになるため、積極的な行動を取ることを躊躇している。捕鯨問題でアメリカが見せるリーダーシップとは対照的である。

## †カンガルーに対するオーストラリアの政策

ダブル・スタンダードの二つ目の例はカンガルーに対するオーストラリアの政策である。オーストラリア・カンガルー産業協会（Kangaroo Industry Association of Australia = KIAA）（2009）によれば、全部で四十八種類いるカンガルーの生息数は年によって大きく変動するが、二〇〇二年時点で推定五千八百六十万頭。オーストラリア政府が設定した二〇〇一年の捕獲枠は五百五十万頭で、そのうち実際に捕殺されたのは約三百四十万頭である。捕殺方法は、夜間バンで乗り付けた狩猟者が、ライトの光を頼りにライフルで次々にカンガルーは射殺するという荒っぽいものである。KIAA（同）は、カンガルーの九六％は頭を撃たれるので即死率が高いと主張するが、被弾しながらも夜陰に紛れて何とか逃げおおせたカンガルーに待っているのは、死ぬまで続く長い苦しみである。母親が死ねば、お腹に入っていた赤ちゃんカンガルーは確実に飢え死にすることになる。

オーストラリアではカンガルー猟は一つの産業であり、肉は人間やペットの食用に利用される。カンガルー産業は年間二億七千万オーストラリア・ドルの価値を生み出し、直接雇用者数は約四千人。仕事不足に悩む地方経済に大きく貢献していると言う。カンガルー猟は、家畜向けの草を食い荒らす「害獣」の駆除になる上、貴重な食用肉を提供する「夢の産業」である。KIAA（同）はさらに、①

カンガルーの数は豊富で絶滅の心配がないこと、②カンガルー猟は自然の恵みを利用する持続可能な産業であること、③羊や牛と違って、カンガルーはメタンガスを放出しないので環境への負荷が少ないこと――などの利点を挙げる。これらは、日本の捕鯨産業従事者がずっと主張している論拠とまったく同じであり、ここでもダブル・スタンダードが見られる。オーストラリアの元環境大臣、ロバート・ヒルは管轄するカンガルー猟を毎年数百万頭規模で認可する一方で、鯨の福祉については「鯨を人道的に殺す方法はなく、この美しくて優雅な動物を捕獲する必要はまったくない」（*The Weekend Australian*, 13–14 September 1997）と公言したと伝えられている。

## ✝ 捕鯨大国アメリカ

以上、反捕鯨国のダブル・スタンダードについて見てきた。これに対して、反捕鯨国の環境政策には問題があるのは事実だが、こうした国は捕鯨問題に限って言えば一貫しているとの反論もあろう。しかし、事実は異なる。実はアメリカは世界最大の捕鯨国の一つである。さらに問題なのは、アメリカが絶滅危惧種を捕獲していることである。表3（第1章二五頁）で見たように、ホッキョククジラは最も数が少ない鯨種の一つであり、その数は世界で約一万頭と推定されている。この希少性にも関わらず、毎年六十頭程度がアラスカのイヌイット（アメリカ国民）やロシア北東部に住む先住民のチュクチ族の手で捕獲されている。こうした種の希少性のため、ＩＷＣ科学委員会はホッキョククジラの捕獲を続ければ近い将来に種の絶滅を招く恐れがあるとして、捕獲を中止するよう繰り返し勧告してきた（Gambell 1993）。しかし、アメリカ政府は科学委員会の勧告を受け付けず、イヌイットのホッキョククジラ捕獲を許可している。アメリカ政府はＩＷＣから原住民生存捕鯨の名目で捕獲割当てを得ているので捕鯨そのものは合法であるものの、ホッキョククジラの生存は危険に曝されているのである。

アメリカ政府は、自国民には絶滅危惧種の捕鯨を許可しながら、絶滅の心配のない近海のミンククジラ数十頭を捕獲したいという日本政府の長年の申し出を却下してきた。アメリカ政府はまた、ノルウェーの沿岸商業捕鯨にも反対している。イヌイットの生活において、捕鯨が大きな役割を果たしていることは疑いがない。鯨肉は伝統的に彼らの食生活の一翼を担ってきたし、協力して捕鯨を行ない、捕った肉を地域で分配することで、イヌイットは社会的絆を維持してきた。しかし、同じ文化的配慮は日本やノルウェーのコミュニティにも適用されるべきだろう。

イヌイットの捕鯨が生存捕鯨であるのに対し、日本やノルウェーのそれは商業捕鯨であるとの反論があるかもしれない。しかし、資本主義と最新のテクノロジーが地球の隅々にまで行き渡っている今日、生存捕鯨と商業捕鯨の区別自体、極めて曖昧である。現代のイヌイットの多くはスーパーで食料を買い、犬ぞりではなくスノーモービルで移動し、手銛《てもり》の代わりにライフル銃を使い、氷と雪ではなくプレハブ造りの家に住む生活をしている。現代は、イヌイットもライフルの弾やエンジン付きボートの燃料を購入するのに現金が必要な時代である。現金なしでは、イヌイットの多くは狩猟を継続することができない。生存のための狩猟と現金獲得のための狩猟は密接に結びついており、両者を区別する意味合いは薄い（Caulfield 1994：263）。グリーンランド漁業・狩猟協会（Association of Fishermen and Hunters in Greenland＝KNAPK）のレイフ・フォンテーヌ代表は言う。

何百年もの間、イヌイットは商業に従事すると同時に、海生哺乳類から得られた産物を他の人々と取り引きしてきた。商業目的で狩猟したり、産物を交易する権利を私達から奪うことは、私達を博物館のケースに閉じ込めることになる。私達は二十一世紀を生きる人間であって、大英博物館の展示品ではないのである。（HNA, *The International Harpoon*, 25 July 2001から引用）

それでは、なぜアメリカにとってイヌイットは特別なのだろうか。エリス（Ellis 1992）は、アメリカ政府はイヌイットなどの先住民から土地を奪い、彼らの文化を破壊してきたことに対して、道徳的な引け目や罪の意識を持っていると示唆する。エリス（Ellis 1992：480–81）が言うように「こうした恥ずべき行動を考えれば、当局がエスキモーのような最後に残った先住民に対して、伝統文化を放棄するよう強制することは難しいのである」。先住民を特別扱いすることで過去の過ちを償おうとするアメリカの政策は理解できるが、こうした捕鯨問題に関するアメリカの矛盾した政策が、他国との交渉に際して、その説得力を弱める方向に作用していることは否めない。

## 3 反捕鯨国の戦術

### † 経済制裁

反捕鯨国の環境政策は矛盾だらけだが、ＩＷＣの場でモラトリアムを採択するなど、国際社会をリードしてきた。ここからは、その理由と背景について、アメリカの政治力に焦点を当てながら検討したい。ここで、最も強硬な捕鯨国の一つである日本がモラトリアムを受け入れることになった過程を思い起こしてみよう。第1章で見たように、ＩＷＣは一九八二年、賛成多数でモラトリアムを決定した。これに対して、日本はノルウェーなど他の捕鯨国と同様に異議を申し立て、異議を撤回しなければ経済制裁を発動すると圧力をかけるアメリカと対立した。長期にわたる二国間交渉の結果、日本はしぶしぶ異議を引っ込め、捕鯨の持続可能性が科学的知見によって証明されれば近い将来、捕鯨を再開できるとの希望の下で、捕鯨中止を決めた(24)。ここで肝心なのはアメリカの経済制裁の法的根拠である。モラトリアムに異議を申し立てることは、加盟国が持つ正当な権利であり、それを撤回させる法的根拠は何もない。日本の異議申し立てを撤回させる法的手段がないため、アメリカ政府はパックウッド・マグナソン修正法（1979 Packwood-Magnuson Amendment to the Fishery Conservation and Management Act of 1976）という国内法を発動した（Charnovitz 1995; Gambell 1993 ; Van Heijsbergen 1997）。同法は、捕鯨条約の有効性を損なう国に対して、アメリカの二〇〇カイリ内の漁場での漁獲割当を削減するというものである。アメリカのもう一つの重要な国内法はペリー修正法（Fishermen's Protective Act of 1967 = Pelly Amendment）であり、同法は国際的な漁業保護措置の有効性を損なう国からアメリカ市場への水産物の輸入を禁止するというものである。二つの国内法と海洋哺乳類保護法を使って、アメリカ政府は日本、旧ソ連、ノルウェー、スペイン、韓国、中国、チリ、ペルーなどの捕鯨国に対して、商業捕鯨の禁止を求め、海洋哺乳類の混獲を減らすよう圧力をかけてきた（Aron 1988; Stoett 1997）[25]。アメリカ政府が捕鯨国に対して実際に制裁を発動したことはないが、国内市場への参入を認めないという脅しだけで、過去において多くの国の譲歩を引き出すことができた[26]。

**†ゴールポストの移動戦術**

経済制裁で捕鯨国の譲歩を引き出すアメリカの政策が政治力と経済力に基づいた「ハードな戦術」とすれば、力に頼らずに捕鯨を思いとどまらせる「ソフトな戦術」もある。それが、いわゆる「ゴールポストの移動戦術」である。一九六〇年代から一九八〇年代にかけては、モラトリアムを実施・維持する最大の理由は、一定期間捕鯨を中止しなければ、一部大型鯨種の絶滅を招く可能性が大きいということだった（第一の理由）。調査によって、たとえばミンククジラは厳格な管理下に置けば一定数を捕獲しても絶滅の心配がないと分かったことで、第一の理由がその有効性を失うと、反捕鯨側は捕鯨の非人道性を訴えるようになった（第二の理由）。これが最初のゴールポストの移動である。船も獲物も激しく揺れ動く中で行なわれる捕鯨では、鯨の急所に確実に銛を打ち込むことは簡単ではない。銛による最初の一撃を生き延びた鯨が、意識を完全に失うまで苦しむ例があるのも事実である。反捕鯨側はこの点に着目し、鯨の生息数に関わらず、人道的な捕獲方法が考案されるまでモラトリアムを継続すべきであると主張した。これを受けて、一九七五年以降、捕鯨方法がＩＷＣの主要議題の一つになり、一九八三年には人道的な捕獲方法を検討するワーキング・グループが設立された（Kalland 1998 : 17）。批判を受けて日本とノルウェーは、より効率的な（致死時間の短い）捕獲方法の検討に着手し、すぐに銛の打ち込み方法を大きく改善させた。この結果、銛を打たれた鯨が死亡する時間は大幅に短縮された（Gambell 1990）[27]。

次に反捕鯨側が持ち出したのは、鯨肉が水銀やＰＣＢ（ポリ塩化ビフェニール）のような化学物質に汚染されていて人体に有害であるという主張である。この「科学的知見」は報道機関向けに大々的に発表され、「日本では有害な鯨肉が食用に」（*The Guardian*, 29 May 1999）、「毒で狩りから救われる鯨」（*The Independent Sunday*, 9 January 2000）などの記事が書かれた。サンプリングの日時が特定されていなかったり、調査が環境保護団体の資金で実施されたことなどから、調査の信用性を疑問視する声もあるが、消費者の買い控え行動を引き起こすなどの効果を上げたと言う（小松 2001）。鯨肉の水銀汚染に関しては、二〇一〇年五月十日付の朝日新聞に、環境省国立水俣病総合研究センターが、捕鯨コミュニティである和歌山県太地町の住民千百三十七人を調査したところ、毛髪から全国平均の約四倍の水銀濃度が検出され、中でも四十三人は世界保健機関（ＷＨＯ）が神経障害などを引き起こす可能性があると定めた基準を上回っていたとの記事が掲載された。

ここで鯨肉の栄養上の価値に少し触れておこう。鯨やアザラシなど海洋哺乳類の肉や脂肪に、水銀など一定量の毒性物質が含まれていることはよく知られている。しかし一方で、鯨肉が蛋白質、ビタミンA、鉄、亜鉛など健康に有用な物質を豊富に含んでいることも事実である。また、豚肉や牛肉と比較して、鯨肉はコレステロールが低く、血栓や糖尿病、心臓病などを防ぐ不飽和脂肪酸が多い（小松 2001 : 116-9）。海洋哺乳類を食用に利用することの是非については、「北方汚染プログラム」（Northern Contaminants Program = NCP）が一九九七年と二〇〇三年に発表した「カナダ北極圏汚染評価レポートⅠ・Ⅱ」（Canadian Arctic Contaminants Assessment Report = CACAR I and II）が詳しい。NCPは一九九一年、カナダ極北の先住民にとって伝統的に重要な食料である野生動物が汚染されているという不安に応えるために、カナダ政府によって始められた。CACARⅠは「伝統的食料の栄養上の優位性は、それら［汚染物質――著者注］と関係したリスクをなお上回る」（Environment Canada 1997）と結論付けた。CACARⅡもこの見方を踏襲し、先住民が食用とする海洋哺乳類、魚、野鳥の体内に様々な汚染物質が含まれていることを認めた上で、「伝統的な田舎の食生活は概して、典型的な先進国の市場で得られる食生活より健康的である」と指摘している（Indian and Northern Affairs Canada 2003）。

ここで本題の「ゴールポストの移動戦術」に戻ろう。鯨の数の減少、非人道的な捕獲方法、鯨肉の汚染という捕鯨に反対する三つの議論を検討してきたが、鯨が高い知性を持った穏和で特別な生き物であるという古典的な主張を忘れるべきではない。一九六〇年代以降、捕鯨の是非を問う時は、この議論が必ず繰り返されてきた。

捕鯨論争の歴史を振り返り、鯨研顧問の大隅清治は、商業捕鯨再開に向けた論争をハードル競走になぞらえる。このハードル競走は、ハードルがどんどん遠ざかるという点で、普通の競争ではない。大隅は嘆く。「私達がハードルを一つ飛び越えると、次のハードルが設けられる。ゴールがどこにあるのか私達にはまったく分からない」（著者のインタビュー 2000）。ＩＷＣ元事務総長のレイ・ギャンベルも同意見である。「捕獲枠が削減され、鯨がすぐにも絶滅する危険性が減少すると、人々は捕鯨を終わらせる根拠を探し始めた。その一つが人道的捕鯨であった」（同）。大義を正当化するために理由は後から付けられたのである。この点について、英タイムズ（*The Times*）が社説で批判している。

> モラトリアムには欠陥がある。モラトリアムは、事実上すべての鯨が絶滅の危機に瀕していた時に、当初は保護の名目で導入された。その継続は今日、動物の福祉の名目で要求されている。アイスランドとノルウェーには、ＩＷＣの反捕鯨国に対して、ゲームの途中でルールを変えたと非難する権利がある。（*The Times*, 30 June 1992）

しかしながら、モラトリアムの継続を求める理由も尽きかけているようにも見える。英ガーディアン（*The Guardian*）の環境問題担当記者のポール・ブラウンは記事の中で次のように書いている。「政府にとって、捕鯨反対の継続を正当化する最後の拠り所が世論である。「合理的な」議論はすべて尽きてしまった」(*The Guardian*, 19 June 1996)。

## 4　科学と政治

### †政治的配慮と科学の役割

捕鯨を管理する権限を持つ国際組織であるＩＷＣは、捕鯨推進国と反捕鯨国が多くの問題で真っ向から対立する場となっている。両者の溝は深く、ＩＷＣで重要な決定がなされる見込みはきわめて低い。その理由の一つが政治による科学的知見の軽視である。

著書『環境外交』(*Environmental Diplomacy*)の中でサスキンド(Susskind 1994 : 62)は、一定の政治的配慮は避けられないとしながらも、独立した科学調査は政治プロセスの中で、問題の定義、事実の発掘、制度設立に向けた交渉などの重要な役割を果たすと論じている。科学が利害ではなく事実に基づくことによって比較的公平な分析と解決策を提案し、政治的駆け引きから一定の距離を置くことができることを考えれば、サスキンドの主張は的を射ていると思われる(28)。

しかし、時には科学が適切な役割を果たせない場合もある。実際、捕鯨論争では政治が科学的知見を無視する例が数多くある。特にＩＷＣの場がそうである。第1章で見たように、ＩＷＣは一九四六年のＩＣＲＷの精神に則り、鯨資源の調査・研究や捕鯨に関する規則の採択などを行なう国際機関として設立された。ＩＣＲＷの目的はその前文に規定されている通り、「鯨族の適当な保存を図って捕鯨産業の秩序のある発展を可能にする」（水産庁 1995：4）ことである。条約の第五条二(b)にはまた、この目的を達成するために規制措置は「科学的認定に基くもの」（水産庁 1995：9）でなければならないと書かれている。条文から分かるように、ICRWはそもそも捕鯨産業の発展を図る目的で作られ、科学はこの目的に資するものと想定されていた。現捕鯨国は自ら進める捕鯨推進の根拠として、こうした捕鯨推進・科学志向の文言を挙げる。捕鯨国がこの文言を繰り返し引用するのは、近年のIWCの決定がICRWの精神と矛盾するからである。

## †「捕鯨クラブ」から「反捕鯨クラブ」への変質

IWCに対する捕鯨推進国の不満は次の二点、すなわち、①捕鯨産業の秩序ある発展を確保するために起草されたICRWの当初の精神に反して、今日のIWCは鯨の保護を主要関心事とする場に変質してしまった、②IWCは政治的思惑を優先するあまり、下部組織である科学委員会の勧告を長期にわたたって無視してきた――に要約できる。

①の主張に関して言えば、IWCの性格が「捕鯨クラブ」から「反捕鯨クラブ」に変質したという点で加盟国は概ね一致している。IWCの変質は加盟国の構成の変化によく表われている。第1章で見たように、IWC発足時の一九四八年、原加盟国十五か国はすべて捕鯨国だった。加盟国の数は以来、概ね十五か国前後で推移した。これが劇的に変わったのは一九七〇年代半ばであり、モラトリアムを採択するために、反捕鯨国政府と環境保護団体が協力して、それまで捕鯨にほとんど関心がなか

った国々を次々にＩＷＣに勧誘した。一九七八年から一九八二年にかけて、二十三か国が新たにＩＷＣに加盟したが、そのうち十五か国がモラトリアムに賛成し、反対したのはペルーと韓国のわずか二か国であり、残りの国は棄権に回った（小松 2001：62-3）。そしてジャマイカ、ドミニカ、エジプト、ケニアなど一九八二年にモラトリアムに賛成票を投じた国の多くが数年以内にＩＷＣから脱退した。(29)投票してすぐにＩＷＣから姿を消した国々の行動を考えると、こうした国々はモラトリアムを通すためだけに勧誘されたと考えるのが自然だろう。さらに言えば、一九八二年にモラトリアムを提案したのはインド洋の小国セーシェルだが、そのセーシェルの科学アドバイザーを務めたのは、動物保護団体、国際動物福祉基金（International Fund for Animal Welfare = IFAW）の活動家でイギリス国籍のシドニー・ホルトだった。セーシェルは一九七九年にＩＷＣに加盟し、一九九五年に脱退している。

## †ＩＷＣが科学的知見を軽視した例

科学的知見の軽視という②の主張も重大である。ＩＷＣの決定は科学的知見に基づくべきであるとしたＩＣＲＷの規定にも関わらず、科学的調査はＩＷＣで主要な役割を与えられてこなかった。たとえば、捕鯨推進国からよく聞かれる不満の一つが、科学委員会が一度も勧告していないのに、ＩＷＣでモラトリアムが採択されたという事実である。科学委員会がモラトリアムを求めなかったのは、絶滅が心配されているシロナガスクジラやザトウクジラなどの鯨種はすでに保護されており、科学的観点から言えば、モラトリアムのような包括的な措置は不必要であると考えたためである。今になって考えてみれば、モラトリアムの採択は、ミンククジラのような他の鯨種の乱獲を防いだ点で予防的手段として有効だったかもしれない。しかし、モラトリアムが主に政治的理由で採択されたことは疑いない。

一九九四年に採択された南大洋サンクチュアリも、ＩＷＣが科学を軽視した典型例である。モラトリアムと同様、ＩＷＣ科学委員会がサンクチュアリ設定を勧告していないにも関わらず、科学的根拠なしにフランスの提案で導入された。科学軽視の何よりの証拠に、サンクチュアリ設定を決めた文言には「保護区内のひげ鯨及び歯鯨資源の保存状態にかかわりなく」(附表第七項ｂ)と書かれており、サンクチュアリの設定と鯨の生息数には何の関係もないことが分かる(小松 2001：256)。ＩＷＣでＲＭＰ(改訂管理方式)の採用が遅れ、ＲＭＳ(改訂管理制度)の詳細に関する審議が長引いていることも、科学よりも政治的思惑が先行していることを示している。ＲＭＳの完成が商業捕鯨再開の道を開くことになるため、反捕鯨国と捕鯨反対の立場を採る科学者達は、「長期間にわたる審議が必要な問題点を次々に発見する」(Aron, Burke and Freeman 2000：181)などの引き延ばし戦術を取って、制度完成を阻んできた。

反捕鯨勢力が政治的配慮のために科学的知見を軽視しているとの批判は、捕鯨推進派だけから聞こえてくるわけではない。たとえば、ＩＷＣ科学委員の一人で南アフリカの数学者であるバターワース(Butterworth 1992：534)は科学雑誌、『ネイチャー』(*Nature*)に投稿した論文の中で、①科学はＩＷＣで政治的配慮のための「代理の理論的根拠」(surrogate rationale)として使われている、②科学者は「科学的問題と価値判断」を区別する責任がある――と指摘している。バターワースの警告は続く。

「もし科学が、一般大衆の感情に触れる問題に関して操作されたり、不必要とされるなら、感情的でない問題に関して余計なものになり、長期的には自然保護にとって有害なものになってしまうだろう」(同)。

## †―IWC科学委員会委員長の辞表

IWCの現状に対する科学者からの批判としては、一九九〇年代前半にIWC科学委員会委員長を務めたイギリスの海洋哺乳類学者、フィリップ・ハモンドが出した辞表が有名である。科学委員会が七年かけて完成させ、全員一致で勧告したRMPの採用をIWCが認めなかったことに抗議して、ハモンドはIWCに委員長辞任を申し出た。一九九三年五月にIWC事務局長に差し出した辞表の中で、ハモンドは次のように書いている。

もちろん、この理由［科学委員会が提出したRMPの最終案をIWCが採択しなかったこと――著者注］は科学とは一切関係ない。科学委員会が全員一致で勧告したにも関わらず、IWC代表の何人かは、RMPの採択反対を正当化する「科学的」根拠として、文脈を無視して科学委員会の報告書を恣意的に引用した。［中略］最重要の課題についての科学委員会の全員一致の勧告がこのような軽蔑を持って扱われるのなら、委員会を持つことに何の意味があるだろう。［中略］監督を受ける母体によって成果が無視されるような委員会の主宰者兼代表者であることを自分自身でこれ以上正当化できないと結論付けざるを得ない。［中略］そのため、私には科学委員会の委員長を辞任する以外の選択肢は残されていない。（HNA 1993）

ハモンドの辞表には二つの重要なポイントがある。第一は、ＩＷＣの場では、政治的配慮を優先させるあまり、科学者の良心が踏みにじられていることであり、第二は、自らの立場を正当化する手段として、政治家が科学者の助言を巧妙に歪めていることである。ＩＷＣが機能不全を抱えてることに対して、多くの関係者が懸念を持っている。ＷＷＦジャパン企画調整室の小森繁樹も、ＩＷＣの現状を憂慮する一人であり、「現在危機に瀕しているのは鯨ではなく、ＩＷＣである」（*The Japan Times*, 21 September 2000）と述べている。ＩＷＣの現状に対する懸念は他の国際的な環境保護団体からも寄せられている。たとえば、二〇〇一年のＩＷＣ年次総会に対する声明の中で、国際自然保護連合（International Union for the Conservation of Nature＝IUCN）は、これ以上「より問題の多い修正」で身動きできなくならないようにＲＭＳを直ちに採用する必要性を強調した上で、「さらなる遅れは、捕鯨管理のための世界的組織としてのＩＷＣの地位を傷付ける」と警告した（IUCN 2001）。

### †ワシントン条約における鯨の扱い

政治的配慮の優先とその裏返しである科学軽視によって、国際的な鯨の保護・管理組織としての権威が揺らいでいるのはＩＷＣだけではない。次に、鯨類がワシントン条約でどのように扱われてきたのかを検討してみよう。ワシントン条約は、絶滅が心配される野生の動植物の国際取引を規制することによって、希少な動植物を保護することを目的とした国際協定である。ワシントン条約は動植物を希少性に応じて、次の三つのカテゴリーのいずれかに分類している。附属書Ⅰには絶滅危惧種がリストアップされており、学術目的などの例外を除いて商業取引が原則禁止されている。附属書Ⅱには、現時点では絶滅の恐れはなく輸出国の許可があれば商業取引は可能だが、取引が厳重に管理されない場合、将来的に絶滅が危ぶまれる種が含まれている。附属書Ⅲには、加盟国が国内での保護が必要と考え、他国に対して商業取引の禁止に向けた協力を求める種が含まれる（Martin 2000：29）。ワシントン条約の問題は、種の扱いや分類に価値判断が反映されている点である。具体的には、象、パンダ、海亀のようにカリスマ的魅力を持った動物が、人間にとって魅力的でない動物より保護の対象になりやすい点が指摘されている（Webb 2000）[30]。鯨はこの点で、明らかにカリスマ的魅力を持った幸運な動物の一つであり、ワシントン条約においては大型鯨種はすべて生息数に関係なく、附属書Ⅰにリストアップされている。IWC科学委員会の一九九〇年調査によって南極海だけで七十六万頭の生息数が推定されるミンククジラは、ワシントン条約上では絶滅危惧種として附属書Ⅰに分類されている。

捕鯨国はこうした状況を傍観しているわけではない。ノルウェーと日本はワシントン条約の締約国会議において度々、いくつかの鯨種を附属書ⅠからⅡに変更するように提案しており、一定の成果を収めている。たとえば、北大西洋のミンククジラの二つの群体を附属書ⅠからⅡに移そうとのノルウェーの提案は何度も多数票を得ている（一九九七年には賛成五十七、反対五十一、棄権六。二〇〇〇年は賛成五十三、反対五十二、棄権八）。一方、鯨種のいくつかを附属書ⅠからⅡに移そうとの日本の提案は賛成多数を得てはいないが、賛同する国を一定数確保している。たとえば、南極海のミンククジラのリスト変更に関する提案の場合、一九九七年は賛成五十三、反対五十九、棄権四。二〇〇〇年の提案は賛成四十七、反対六十六、棄権五。二〇〇二年は賛成四十一、反対五十四、棄権五だった（HNA 2000 and 2002 ; Komatsu and Misaki 2001 : 154）。ノルウェーの提案も日本の提案もリスト変更に必要な三分の二の多数票を獲得できなかったが、投票結果は捕鯨賛成派を勇気づけるものだった。

# 第4章　抗議ビジネスとしての環境保護

捕鯨問題で最も異常なことの一つは、それが独自の産業を生み出したことである。〔中略〕もし捕鯨が行なわれず、IWCが存在しなかったら、こうしたNGOは一体どうなるだろう。彼らはみな職を失うことになる。

（レイ・ギャンベル、IWC元事務局長 2001）

前章で見たように、捕鯨問題を国際問題にする上で、政治家は大きな役割を果たした。政治家の関与がなければ、捕鯨問題はあまり注目されることはなかったし、問題の構図も現在とは違ったものになっていたに違いない。しかし、政治家が捕鯨問題の主な担い手であると考えるのは誤りである。むしろ、政治家は自分のイメージを向上させ、世論の支持を得るために、捕鯨問題を利用していると考えるのが自然である。それでは捕鯨問題の仕掛け人は誰なのか。誰が反捕鯨運動を主導しているのか。そもそも、なぜ反捕鯨運動は始まったのだろうか。本章では、環境保護団体の活動に焦点を当てることで、こうした問いに迫りたい。

捕鯨問題には多くの環境保護団体が関与してきたが、本章ではグリーンピースの活動を中心に見ていく。それは、最近の反捕鯨運動、特に南極海における日本の調査捕鯨に対する妨害活動ではシー・シェパードが目を引くが、歴史的に見た場合、今日まで反捕鯨運動を主導してきたのはグリーンピースだからである。捕鯨問題に限って言えば、アメリカが国際政治の場で果たしてきたのと同じ役割を、グリーンピースが民間レベルで果たしてきたと言っても過言ではない。本章では、環境保護団体のダイナミズムを理解する概念装置として、社会運動論を援用しながら考察を進めていく。

## 1　環境保護団体と社会運動

### †新しい環境保護運動

一九六〇年代（正確には一九五〇年代後半から一九七〇年代前半まで）は、特に北米や西ヨーロッパで社会的・文化的・政治的混乱が続いた時代だった。人類の福祉を増進する手段と見られていた経済発展などの価値観に疑問が投げ掛けられ、新しい社会運動が次々に花開いた。その一つが環境保護運動であり、十九世紀末から二十世紀初めの第一次全盛期に続く盛況を見せた。アメリカにおけるシエラ・クラブの国立公園設立運動や、オーデュボン協会の自然観察促進運動に代表される第一次全盛期には、資本主義や大量生産方式など既存の社会的枠組みが問題視されることはなかった（Gottlieb 1993）。これに対して、グリーンピースやFoE（地球の友）など、二十世紀半ばに設立された新しい環境保護団体は、既存の経済・社会制度や権力構造に批判的な眼差しを向け、環境に悪影響を及ぼす生活スタイルを自然と調和したものに変える必要性を強調した[31]。

新しい環境保護運動は、エコロジー（ecology＝生態系）という革新的な視点を取り入れた点でも際立っていた。エコロジーは、植物や動物の相互関係、周辺環境との関係を扱う生物学の一派であると同時に、知識の実践的形式でもある。エコロジーの考えに立てば、すべての植物と動物、そして山や石のような無機物さえもが一つの体系として密接に繋がっている[32]。人間が動物界の頂点に君臨し、すべての生物を思いのままに利用する権利があるとする人間中心主義的な考えに挑戦した点で、エコロジー概念の政治的意味合いは大きい。エコロジーの教義では、すべての生物種は基本的に同じ価値を有しており、人間はシステムの一部に過ぎないのである（Dobson 2000）。

伝統的な環境保護運動と新しい環境保護運動のもう一つの大きな違いは、後者が問題に対して対決的なアプローチを取る点である。新しい環境保護団体のメンバーは、汚染源と見られる工場でピケを張ったり、自分達が定めた環境基準を満たしていない製品や会社、国家に対してボイコット運動を展開することを躊躇しない[33]。伝統的な環境保護運動と新しい環境保護運動の違いの好例は、デイヴィッド・ブラウワーによるFoEの設立に見ることができる。ブラウワーは一九五二年からシエラ・クラブの常任理事（会長）を務め、その任期中に会員数が十倍に膨らむなど、シエラ・クラブの発展に大きく貢献した（McCormick 1989 : 143）。しかし、核エネルギーに対する姿勢や基金の配分などをめぐってブラウワーと理事会との間で亀裂が深まり、ブラウワーは辞任を余儀なくされ、一九六九年にFo

Eの設立に踏み切ることになる。FoEは、中枢部を持たない組織形態、断固とした反核姿勢、国外まで広げた会員組織、直接行動を辞さない運動方針など、ブラウワーの理想を具現化した組織だった。(34)

## †環境保護団体の役割

環境保護運動において、環境保護団体の役割は決定的に重要である。環境保護団体は市民の利害を代弁し、当局と交渉し、政府の政策を監視し、問題の所在を明らかにする（Dalton 1994）。中でも問題の所在の提示が重要であり、これによって、複雑な問題が市民に分かりやすい形で提示され、社会的課題として特別な意味を持つようになるのである。しかし、問題を特定するだけでは環境問題に対処するのに十分ではない。変革をもたらすためには、環境保護団体は目標を設定し、それを達成する方法を提示しなければならない。この第二の役割は、政府の政策や企業の方針、個人の行動に影響を与える上で不可欠である。

それでは、無数に存在する環境問題の中で、社会的課題として取り上げられるのは、どのような問題なのだろうか。言い換えれば、環境保護団体は課題の選択に際してどのような基準を持っているのだろうか。ロークリフ（Rawcliffe 1998：58）はヒルガートナーとボスク（Hilgartner and Bosk 1988）の研究に基づき、次の四つの要素が肝要であると指摘する。

①文化：深く根付いた信念や価値観、国のムードなどと一致する問題。

②ドラマ：劇的な事件やイメージを生み出す問題、あるいは事件やイメージの劇的な変化。
③政治：受け入れ可能な政治的言説や支配的な政策的枠組みに収まる問題。
④制度上のリズムと収容力：メディアを含む政策過程のサイクルや能力に一致する問題。

一瞥しただけで、基準が哲学的というより実際的なものであることが分かる。すなわち、大衆感情に訴え、取り組みやすく、時代の空気に合致した問題が選択されるのである。極端な例では、グリーンピースのようなキャンペーン志向の環境保護団体は、自らの「環境哲学や世界観を発展させる時間も興味もない」と指摘する研究者もいる（Eyerman and Jamison 1989：100）。ここからは、社会運動論を分析の道具に使って、何が環境保護団体の方向性や活動に影響を与えるのかについて、さらに考察を進める。

## †資源動員論と新社会運動論

社会運動論に関する最近の研究では、資源動員論（resource mobilisation theory）と新社会運動論（new social movement theory）という二つの方法論が鍵概念と言われている（Dalton 1994）。資源動員論は、市民からの苦情を社会運動の出発点とする旧来の社会運動論から決別したもので、社会運動の形成と実践には、組織自体の合理性と経済的ニーズが強く影響すると考える。つまり資源動員論は、政治学者や経済学者が唱える合理的選択理論と同様に、「組織の必要性をどのように満たし、利用可能な機会を最大限に活かすかというプラグマチックな計算」を理論の柱としている（Dalton 1994 : 6）。そこでは、組織のニーズに最大の価値が置かれ、社会正義や道徳的価値などの抽象的な概念はあまり重視されない。一方、新社会運動論の教義では、考えや感情などの役割に重点が置かれ、社会運動の意味やアイデンティティの源泉などが注目されるのである（McAdam, McCarthy and Zald 1996 : 5）。

以上のことから明らかなように、資源動員論と新社会運動論は、社会運動の形成と発展に関して対照的なアプローチを取る。ただし、この二つの理論を環境保護団体の分析に用いる時には注意を要する。環境保護団体は常に変化の過程にあり、組織目標、運動戦術、会員構成などが頻繁に変わる。非歴史的で二元論的な枠組みでは、環境保護団体の長期的な発展過程を説明することはできない（Martell 1994）。既存の社会システムに挑戦する非公式の草の根市民ネットワークとして始まった組織も、時間の経過とともに、既存の社会システムの枠内で動く階層的でプロフェショナルな組織に変貌するかもしれない。デイヴィッド・ブラウワーが、自ら設立したFoEを去ることになった経緯を考えれば、組織の発展過程を重視する視点は説得力がある。ブラウワーは、FoEが自発的な市民グループから、既成の組織に変質したことに失望して、組織を去ったのである。

一見したところでは新社会運動論が想定するような組織が、実際には資源動員論で説明できる組織に極めて近いと考える研究者もいる。たとえば、イギリスの環境保護団体を研究したジョーダンとマロニー（Jordan and Maloney 1997 : 54）は、FoEやグリーンピースのようなキャンペーン団体は、新しいタイプの組織というよりむしろ、金もうけの手段として社会問題を利用する「抗議ビジネス」

(protest business)や圧力団体として理解すべきであると論じる。いずれにしても、資源動員論も新社会運動論も単独では、環境保護団体の一連の特徴を説明するのに不十分である。環境保護団体の活動を全体的に把握するには、おそらく両方の理論を統合する必要がある。

## 2　グリーンピースと鯨

### †グリーンピースにとっての捕鯨問題の重要性

グリーンピースと聞いて、人は何を真っ先にイメージするだろう。遺伝子組み換え作物の栽培に抗議して農場に侵入する白いマスクの集団を思い浮かべる人がいるかもしれない。カジュアルな格好の若者が「核の被害を止めよう」と書かれたプラカードを掲げながら原子力発電所に向かって抗議行動する光景を想像する人もいるだろう。しかし、小さなゴムボートに乗った活動家が巨大な捕鯨船に挑むシーンを思い浮かべる人もかなりの数に上るのではないだろうか。実際、グリーンピースは募金活動に使うパンフレットやダイレクト・メールに、捕鯨者と対峙する活動家の写真を頻繁に使用してきた。グリーンピースと鯨の深い繋がりは、グリーンピース・インターナショナルの代表だったデイヴィッド・マクタガートの書いた次の手紙によく表われている。マクタガートは手紙の中で、支援者に対して、アメリカ政府宛てに手紙を書き、日本に捕鯨を中止する圧力をかけるよう求めている。

グリーンピースは鯨を救うことで成長した。私達の未来はある意味で、鯨の未来と結び付いている。私達の運動の成果と世界の環境意識は、鯨の未来を確かなものにする努力が成功するか否かで測ることができる。もし私達がこの闘いに敗れるようなことがあれば、一哺乳類を救う闘い以上のものを失う。私達は私達の一部、私達を人間たらしめているものを失うのである。

(Greenpeace 1984 : 25)

手紙は、鯨の保護でどのように環境意識を測るのか、他の動物や他の問題ではなく、なぜ鯨なのかについて説明していない。また、反捕鯨運動で勝利することが、なぜ私達を人間たらしめるのかはっきりしない。いずれにしても重要なのは、グリーンピースのトップが組織の未来と鯨の運命を同一視するメッセージを出したという事実である。

グリーンピースの鯨への深い愛着は、グリーンピース・カナダの代表を務めたパトリック・ムーアのコメントでも見て取れる。

私は「グリーンピース・エルダーズ」(Greenpeace Elders) と呼ばれる非公式グループの一員である。これは、グリーンピースを引退した年配の元活動家の集まりで、電子メールで互いに連絡を取り合う。私達は二つの問題について意見が一致している。一つは核兵器を使用しないことであり、もう一つは鯨を殺さないことである。鯨には手を出さない。それが私達の信念である。(著ムーアなどグリーンピースの元活動家(彼らはグリーンピースの初期メンバーである)にとって、捕鯨問題が核問題と同列に位置付けられていることが分かる。この点については議論の余地があろう。鯨の生死は地球上に存在する無数の生命のうちの一種類の運命に過ぎないのに対して、核の使用はほぼすべての生命に関わる大問題である。何かの間違いで全面核戦争が起これば、おそらくバクテリアのような原始生物を除く地上の生命体のほとんどが死滅するはずである。核の不使用と反捕鯨運動を同列に論じることには無理がある。

## †反捕鯨運動で急成長したグリーンピース

それでは、グリーンピースにとって、なぜ鯨はこれほど重要な存在なのだろう。この疑問に答えるためには、グリーンピースの歴史を検証しなければならない。グリーンピースの年代記である『グリーンピースの証言』(*Greenpeace Witness*)(1996)や他の研究文献(McCormick 1989 など)などによると、グリーンピースは当初、アメリカの大気内核実験に抗議することを目的に、北米の数人の活動家によって設立された。グリーンピースの最初の抗議行動が行なわれたのは一九七一年のことで、チャーター船、フィリス・コーマック号でアラスカ沖にあるアムチトカ島の核実験場に遠征する計画が立てられた。フィリス・コーマック号は結局、アムチトカに到達できなかったが、グリーンピースは航海に数人のジャーナリストを同乗させることなどによって、メディアの注目と市民の支持を集めることに成功した。グリーンピースの次のターゲットは、南太平洋にあるフランスの核実験場、ムルロア環礁だった。グリーンピースのムルロア環礁への航海は何年にもわたって行なわれたが、転機となったのは一九八五年の航海である。この年、ニュージーランドのオークランド港に停泊していた抗議船、虹の戦士号がフランスの奇襲部隊によって爆破され、乗組員一人が生命を落とすという痛ましい事件が起きた。この事件によって、グリーンピースは世界中の多くの人々の共感を集め、これが結果的に、グリーンピースが国際的な環境保護運動の主役に躍り出る契機となった。一九八五年に百万人だった会員数は、一九九〇年までに過去最高の四百八十万人に増加した（*Greenpeace Witness*, 1996 : 21）。

しかし、グリーンピースを「地球の守護神」あるいは「緑の巨人」と呼ばれる存在にまで高めたのは、反アザラシ猟運動と反捕鯨運動の二つであると言っても差し支えないだろう。著書『虹の戦士達』（*Warriors of the Rainbow*）（1979）の中で、ジャーナリストで元グリーンピース活動家のロバート・ハンターは、グリーンピースが反捕鯨運動に乗り出すことになった経緯について書いている。ハンターによれば、グリーンピースの反捕鯨運動を主導したのは、カナダ・バンクーバーの水族館でシャチを研究していたニュージーランド人のポール・スポングだった。捕鯨問題は、核拡散に比べれば小さな問題であり、グリーンピースには同時に二つの問題に取り組む余裕はないと考えるメンバーが多かったが、根っからの「鯨好き」だったスポングはメンバーの説得に成功した。こうしてグリーンピースは一九七五年に反捕鯨運動を立ち上げることになる。グリーンピースは反捕鯨運動では後発組だったが、小さなゴムボートに乗った活動家が、ソ連の巨大な捕鯨船に挑むシーンに象徴されるドラマチックな抗議行動によって、一躍メディアの寵児となり、世界の注目を集めることになった。こうしてグリーンピースは、反捕鯨を象徴する環境保護団体になるのである。この出来事について、『グリーンピースの証言』（*Greenpeace Witness*, 1996 : 15）は書いている。「グリーンピースは最も強力で広範な支持を集め、多くの人の目に、他のどのような話題よりグリーンピースとは何かを定義するキャンペーンを見つけたのである」。

## 3　反捕鯨運動は抗議ビジネスか

### †なぜ捕鯨問題を選んだのか

反捕鯨運動が会員数を増やし財政状況を豊かにする上で、グリーンピースに貢献したことは明らかである。反捕鯨運動の成功がなければ、グリーンピースが今日のような巨大組織になることはなかったかもしれない。たとえ組織が成長したとしても、成長の度合いはずっと緩やかなものだったのではないだろうか。ここに興味深い疑問が二つある。一つは、グリーンピースが捕鯨問題を選んだのは偶然なのか、それとも念入りな計算に基づくものだったのかという疑問。もう一つは、モラトリアムの導入によって、鯨が絶滅する危険性が劇的に低下したにも関わらず、なぜグリーンピースは今日でも反捕鯨運動を続けているのかという疑問である。最初の疑問に対する答えは、前述のハンターの証言で明らかだろう。グリーンピース・イギリス元代表のピート・ウィルキンソンは、反捕鯨運動を始めた経緯について次のように語る。

残念なことだが、新しくて野心に燃える団体は、人々が魅力的だと思う運動に取り組まなければならない。そうすれば、運動のためのお金が集まる。しかし私は、お金が反捕鯨運動を始めた当初の理由であるとは思わない。というのは、最初の段階では、私達は誰からもお金をもらっていなかった。私達が反捕鯨運動を行なったのは、純粋にそれを信じていたからである。この問題について多くのメディアが取り上げるようになり、「この運動は注目され、支援者をたくさん集める」ということが話題に上るようになった。（著者のインタビュー 2001）

ハンターとウィルキンソンの証言が正しければ、グリーンピースは、鯨を絶滅から救うという使命感から反捕鯨運動に乗り出したことになる。

**†なぜ反捕鯨運動を続けるのか**

二番目の疑問に移ろう。それでは、なぜグリーンピースはその後も反捕鯨運動を続けているのだろうか。**表3**（第1章二五頁）で見たように、大型鯨種の中で絶滅の可能性があり、保護が本当に必要なのは、おそらくセミクジラ、ホッキョククジラ、シロナガスクジラの三種だけである。現時点で他の鯨種に絶滅の恐れはないし、特にマッコウクジラとミンククジラは明らかに数が豊富である。[35]ノルウェーと日本が捕獲の主な対象としているのはミンククジラであり、両国合わせて捕獲数は年間千から千五百頭程度である。生息数に対して捕獲数は穏当なものに思えるが、反捕鯨論者は主に次の二つの理由で捕鯨に反対している。理由の一つ目は、予防的措置の必要性である。すなわち、鯨の生息数の推計は不確かなものであり、海洋汚染も鯨に悪影響を及ぼしているのだから、商業捕鯨はすべて中止する必要があるというわけである。理由の二つ目は、捕鯨者に対する不信である。反捕鯨論者は、捕鯨の歴史は乱獲と違法操業の歴史である点を指摘し、いったん商業捕鯨の再開を認めれば、歴史が繰り返され、捕鯨は制御不能に陥ってしまうと主張する。

両方の理由とも一見、筋が通っているように見えるが、容易に反論を招く。第一の理由に対して捕鯨推進論者は、捕鯨に予防的措置が必要というなら、同じ措置は漁業や狩猟など野生動物の捕獲全般、極端に言えば野草の採取にも適用されるべきであり、捕鯨だけ特別扱いするのはおかしいと反論する。理由の二番目に対しては、厳格な検査制度と監視システムを導入すれば、無軌道な捕鯨を防ぐことができると反論する。[36]捕鯨推進論者はまた、鯨肉の消費が日本など数か国に限られていることを考慮すれば、乱獲が起こる可能性は極めて低いと指摘する。

商業捕鯨が再開されても鯨の生息数への影響がわずかであるとすれば、なぜ環境保護団体は捕鯨に反対するのだろう。前述のウィルキンソンは運動の一貫性が問われているのだと言う。

環境保護団体にとって問題なのは、これまで支援者に向かって「鯨は一頭たりとも殺させない」と言ってきた手前、今さら「捕鯨を認めてもよい」などと方針転換できないということである。環境保護団体が「分かった。年間に最大で千頭までなら捕鯨を受け入れてもよい」と方針を変えれば、支援者は「それは保護ではない」と言うだろう。なぜなら、支援者は「捕鯨はすべて止めさせる」と言われ続けてきたのだから。今頃になって「一定数の捕鯨なら受け入れてもよい」というのは通らない。（著者のインタビュー 2001）

一方、捕鯨推進側は、環境保護団体が捕鯨を受け入れないのは、運動の一貫性よりむしろ、財政的配慮のためであると主張する。

鯨保護運動は、彼ら［環境保護団体――著者注］の収入にとって最も有効な道具である。反捕鯨のプロパガンダに一度乗せられると、騙されやすい大衆はNGOに惜しみなく募金する。［中略］だから、こうしたNGOはこれ見よがしに鯨保護運動に取り組むことになる。大衆を誤った方向に導けば導くほど、お金が組織の金庫に入ってくるのである。（Komatsu and Misaki 2001 : 119）

捕鯨問題が環境保護団体にとって金集めの手段になっているという主張は、捕鯨推進論者の多くが共有している。たとえば、世界捕鯨者会議（World Council of Whalers = WCW）の代表で、カナダのブリティッシュ・コロンビア州の先住民であるトム・ハピヌークは言う。

環境運動家にとって、鯨は流行りの問題であり、組織上の大きな目的を達成する手段である。すなわち、鯨は彼らにとって金のなる木であり、彼らの金庫を満たしてくれる。捕鯨者にとって、鯨は生死の問題であり、私達の存在の不可欠の一部であり、私達のコミュニティの糧であり、私達の未来の世代を養ってくれる。（*Tohora*, December 2000）(37)

環境保護団体の多くは、こうした非難は濡れ衣であると反論するだろう。しかし、同様の非難は反捕鯨運動に従事する環境運動家からも聞かれる。たとえば、WWFジャパン企画調整室の小森繁樹は「捕鯨論者の言うことも分かる。環境ビジネスのNGOは捕鯨反対を言っていれば金になるし、食べていける」（著者のインタビュー 2000）と反捕鯨運動と募金集めの関係を率直に認める。グリーンピースのOBで、シー・シェパードの代表でもあるポール・ワトソンはさらに辛辣である。

今日の「虹の戦士」［グリーンピースのこと――著者注］は、金集めと宣伝に狂奔する偽善者であり、組織の規模と惰性のせいで自ら苦しんでいる。彼らは環境で食っている団体（eco-corporations）、エコ・ビジネス（eco-business）の典型に過ぎない。（Scarce 1990 : 102 から引用）

もっとも、近年ではワトソン自身がシー・シェパードの南極海における反捕鯨キャンペーンをアメリカの有料チャンネルであるアニマル・プラネット（Animal Planet）に撮影させるなどメディア重視を打ち出しており、偽善的な感じは拭えないのであるが……。話を元に戻そう。ワトソンがグリーンピースの今日の活動を表現するのに、「規模」（size）、「惰性」（inertia）などの言葉を使っていることは注目に値する。この言葉には、かつてのグリーンピースは規模が小さく活動的であり、今とは違った組織であったという含みがある。

グリーンピースの変容は、組織論の観点から理解できる。どのような組織でも、理想に燃える少数者によって立ち上げられた初期段階では、当初の目標達成に邁進するが、組織の規模が大きくなって専従スタッフを抱えるようになれば、そのスタッフの雇用維持や生活保障にも目配りが必要になる。当初の目標は薄められ、活動の一部は募金集めなど組織維持に振り向けられる。こうして、キャンペーンは政策に影響を及ぼすためではなく、人々の支援を増大させるために行なわれるようになる（Dalton 1994 : 7）。この傾向がさらに進むと、理想と活気に満ち溢れていた革新的な集団が、官僚的で硬直した組織に変質し、組織の維持が当初の設立理由に優先するようになる。マックス・ウェーバーの言葉を借りれば、組織が官僚制の「鉄の檻」に閉じ込められてしまう（Weber 1968）。組織は目的を達成するための手段ではなく、目的そのものに変質してしまう。

## †ビジネスとして根付いた反捕鯨運動

海洋生物学者として、またＩＷＣ事務局長として捕鯨問題に四十年も関わってきたレイ・ギャンベルは、反捕鯨運動はビジネスとして根付いたと証言する。

捕鯨問題で最も異常なことの一つは、それが独自の産業を生み出したことである。ＩＷＣ会議にオブザーバー参加する権利を持っているＮＧＯは百を下らない。その多くは大衆から募金を集めなければならない。それは、鯨の現状に関する悪いニュースで食っている一大ビジネスである。「私達は鯨を救う手助けをしている。だからお金を下さい」というわけである。もし捕鯨が行なわれず、ＩＷＣが存在しなかったら、こうしたＮＧＯは一体どうなるだろう。彼らはみな職を失うことになる。（著者のインタビュー 2001）

環境保護運動の一部が抗議ビジネスになっているという主張は、環境保護運動の研究者からも寄せられている。たとえば、ロークリフ（Rawcliffe 1998：60）は、環境キャンペーン団体の活動を、組織に利益をもたらすトラブルを常に探しているという意味で、「救急車を追いかけ回す環境主義」(ambulance chasing environmentalism）と表現する。こういった種類の環境主義はマスメディアと共謀して、メディアや大衆のニーズに合うように、複雑な問題を白黒はっきりしたメディア受けする構図に単純化する傾向がある。問題の重要性は二の次になり、代わって、どのように問題を利用するのかが前面に出てくる。結果として、環境保護団体は、組織の役に立つかどうかを主な判断基準にキャンペーンの議題を選ぶ「日和見主義者」に堕しやすい。[38] ジョーダンとマロニー（Jordan and Maloney 1997 : 22）は抗議ビジネスの特徴を次のようにまとめている。

①会員ではなく支援者が収入源として重要。
②中央が政策を決め、支援者は主に退会の可能性によって政策に影響を与える。
③政治行動をするのは通常、個々の支援者や会員ではなく専属のスタッフである。
④支援者は互いを知らず、交流もしない。
⑤組織は、支援者に断片的な情報を提供することで、問題認識を積極的に形成する。
⑥支援者が興味を持つのは狭い問題分野である。思想的深遠さではなく、特殊性が勧誘手段となる。

## 4　派手な直接行動と不安心理の喚起

### †ダイレクト・メールによる勧誘

環境保護団体について、その歴史と組織のニーズを検討してきた。次に、現代の環境保護団体を理解する上で不可欠なもう一つの要素である勧誘方法について考察したい。現代の環境保護団体の特徴の一つにその急成長があるが、それを可能にしたのがダイレクト・メールを使った勧誘であると言われる。個人から募金を集める手段としてダイレクト・メールが使われたのは一九五〇年代のアメリカが最初であり、野生の保護者達（Defenders of Wildlife）、自然保護協会（Conservation Association）などが先鞭を付けたと言われる（Bosso 1995：113）。ダイレクト・メールは、組織にとって自らの活動内容を広く世間に知らせる上で効率的な方法である一方、個人参加者にとって小切手を切るだけで運動に参加できる簡便な方法であることから、他の環境保護団体にも急速に広まった（同）。

しかし、ダイレクト・メールは万能薬ではなく、強い副作用を伴う劇薬でもある。ダイレクト・メールに頼る環境保護団体は、潜在的な支援者を掘り起こすために、巨大タンカーからの油流出事故や、鯨やパンダなどの人気動物の保護など、見栄えがして分かりやすく、メディア受けする問題に取り組むことを余儀なくされる。その裏側で、肥料の過剰使用や大気汚染など、生態系維持の観点からは重要だが、メディア映えのしない問題は無視されたり、矮小化される傾向がある。ボッソ（Bosso 1995：114）の表現を借りれば、「ダイレクト・メールに依存する団体は、お金が続けて入ってくるように、次の環境問題を探し回る」。身近に適当な環境問題がない場合は、メディア受けする問題を作り出したり、問題をドラマ仕立てにして誇張しなければならない。また、ダイレクト・メールを通じて入会した支援者の多くが短期間で退会するため、既存の会員を繋ぎ止めるために、環境保護団体はますます人目を引く問題に取り組まざるを得ない。ジョーダンとマロニー（Jordan and Maloney 1997：16）によれば、環境保護団体の脱会率は平均して三〇－四〇％にも上る。環境保護団体の活動がメディア受けする事案に偏りがちな点に関して、前述のウィルキンソンは言う。

二十一世紀に入った今日、この時代にこうした種類の戦術［派手なスタントなど――著者注］を用いるのは稚拙である。［中略］しかし問題なのは、もしグリーンピースであり続けたいのなら、グリーンピースが外で闘うのを見たがる支援者の欲求を満たさなければならないということである。闘っているところを見せないと、人々はグリーンピースが環境を守るために有効に機能していないと思うだろう。（著者のインタビュー 2001）

環境保護団体が人々の目を引くために使う戦術としては、①派手な直接行動、②虚実の混合による不安心理の喚起、③メディア操作――の三種類がある。メディア操作については第5章に譲るとして、次に、派手な直接行動と不安心理の喚起に絞って考察したい。

### †派手な直接行動によるアピール

サーカスやアクション・ドラマなどでお馴染みの「スタント」と呼ばれる派手な直接行動は、キャンペーン志向の環境保護団体の主要な勧誘手段になっている。グリーンピースやシー・シェパードにとっても、派手な直接行動は環境問題で影響力を発揮する上で欠かすことができない。人目を引く直接行動によって、彼らは政府や企業に対して、自らの意思を伝える。派手な直接行動は組織のアイデンティティの表明でもある。グリーンピースの支援者の中には、派手な直接行動に魅せられて加入する者もいると言われる。汚染物質の海中投棄の危険性を訴えるために油井施設を強制占拠したり、放射性廃棄物を排出する工場の煙突に登ったりと、グリーンピースのスタントは枚挙に遑《いとま》がない。ダルトン（Dalton 1994 : 87）は著書の中で、グリーンピースのある支部代表による「人々がグリーンピースに加わるのは、ゴムボートが捕鯨者と対峙したり、活動家が赤ちゃんアザラシを守るシーンのためである」との発言を紹介している。メディア、そしてその先にある読者・視聴者の関心を集めるために、グリーンピースはイベントを演出し、人目を引くアクションをフィルムに収め、その映像を最新のテクノロジーを使って世界中に配信する。シー・シェパードも基本的にグリーンピースのメディア戦術を踏襲している。

映像イメージがグリーンピースにとってどれほど重要なのかが分かれば、次のエピソードは理解しやすい。捕鯨船「日新丸」に同乗して一九九一－九二年の南極遠征に出掛けたジャーナリストの小島敏男は、日記形式でグリーンピースとの出会いを書き記している（Kojima 1993）。

一月六日
二隻のゴムボートが「中止」「捕鯨を中止せよ」と書かれた横断幕を掲げて近づいてきた。彼らは日新丸の船尾右舷に横断幕を掲げたが、日新丸からはその文字を読むことができなかった。彼らは横断幕を背景に写真を数枚撮った。［中略］示威行動から五十分後に、彼らは横断幕を外し、船に戻っていった。

一月二十一日

私は南極海への八十二日間に及ぶ航海で、グリーンピースの日課は、何もしないことと船の中で遊ぶことの間に、ピクニックとコーヒータイム、時々行なう凧揚げを挟むことの繰り返しであるという印象を持った。〔中略〕彼らにとって必要なのは、グリーンピースへの募金者を満足させるために、自分達の活動を写した写真三、四枚をロイターやＡＰ、ＡＦＰなどの世界のマスメディアに送ることだけだった。

著者がこの話を紹介したのは、船上で遊ぶ以外に何もしなかったとか、日本の捕鯨船団と真剣に対決しなかったなどとグリーンピースを非難するためではない。グリーンピースは、自身の抗議行動を撮影してメディアに配信することで、目的を果たしたのである。グリーンピースの活動家は、自分達の抗議行動が捕鯨を直ちに中止に追い込むことができるなどとは思っていない。映像イメージを効果的に使うことで、自分達がどれだけ鯨のことを憂慮しているのかを世界中の支援者に知らせることが狙いなのである。

## †不安心理の喚起

次に、真相の一部しか伝えなかったり、偏向した情報を喧伝することで不安心理をかき立てる戦術について検討してみよう。ダグラスとウィルダフスキー（Douglas and Wildavsky 1982）は著書『リスクと文化』（*Risk and Culture*）の中で、リスクと危険性の認識が社会形態によって異なることを論じている。二人は、ダグラスのグリッド＝グループ・モデル（grid = group model）に基づいて、現代の環境保護団体の特徴を分析した。「グループ」は内と外を隔てる境界を指し、「グリッド」は社会秩序や階層などを含む他の社会的特徴を指す。ダグラスとウィルダフスキーによれば、現代の環境保護団体は高グループ、低グリッドの傾向があり、二人はこれを「党派型」（sectarian form）と名付けた。党派型組織は、自分達が悪と認識したものとの妥協を許さず、集団として強い帰属意識を持ち、強制や統率を嫌い、自発性を重んじる傾向がある。党派型組織にとって、メンバーを維持する最良の方法は、「汚染や他の種類の環境危機を維持すること」（Milton 1996 : 94）である。ダグラスとウィルダフスキー（Douglas and Wildavsky 1982 : 127）の言葉を借りれば、「神あるいは自然の反発は会員の身分を正当化する有効な手段となる」。この仮説を捕鯨問題に当てはめれば、環境保護団体にとって大切なのは、人々の不安心理を煽るために「鯨は絶滅の危機に瀕している」「鯨は不当かつ非人道的に殺されている」などの警告を発し続けることである。

実際、こうした不安心理の喚起は環境主義者が頻繁に使う手口である。具体例として、グリーンピース・マガジン（*Greenpeace Magazine*, Winter 2000 : 6）に掲載された次のレポートを見てみよう。「グリーンピースは今秋、最近の日本の捕鯨に対して十九か国で抗議行動を行なった。日本は、絶滅危惧種のマッコウクジラ一頭と、同じく絶滅危惧種のニタリクジラ四頭を殺した」。このレポートを読んだ読者の多くは、捕鯨によって種としての鯨の生存が脅かされているという印象を持つだろう。しかし、危機的な状態にあることを指摘した二〇〇一年発行のパンフレットに、スパイ映画〇〇七シリーズのジェームズ・ボンド役で有名な俳優のピアス・ブロスナンの次のようなメッセージを掲載している。

「鯨のほとんどは二〇〇〇年まで生き残ることができなかった。［中略］今やこれまで以上に闘いを続けなければならない。再び鯨を救う時である」。八十以上の種類が確認されている鯨を、まるで一種類しか存在しないように「鯨」（英語では whales や the whales）と表記するのは誤りである。絶滅が危惧される鯨種が存在する一方で、生息数が豊富な鯨種も存在するのである。「鯨は絶滅の危機に瀕している」という表現は、「猫は絶滅の危機に瀕している」という表現以上の意味を持たない。言うまでもなく、アムールトラが置かれた状況とシャム猫の状況を、同じ猫というだけで同列に論じることはできない。しかし、「鯨は絶滅の危機に瀕している」と聞かされた環境意識の高い人々は、すべての鯨種に絶滅の恐れがあると勘違いして反捕鯨運動に加わったり、環境保護団体に寄付したりしようとするだろう。

表3（第1章二五頁）で見たように、マッコウクジラとニタリクジラが絶滅危惧種ではないことは明らかである。不安心理の喚起戦術を取るのはグリーンピースだけではない。たとえば、IFAWは鯨が危

次のシー・シェパードの会報も典型的な例である。

これらの鯨は、IWCの商業捕鯨モラトリアムと南極海に設立された鯨サンクチュアリに違反し

て殺された。［中略］日本は大胆にも、世界で最も絶滅の危険が高いシロナガスクジラの捕獲の準備さえ始めた。（Sea Shepherd Log, 1st Quarter 1996 : 31）

日本がモラトリアムやサンクチュアリの「精神」に反する行動を取っていると言う主張には説得力がある。しかし、南極海での調査捕鯨は、日本がサンクチュアリに対して異議申し立てを行なったため、まったく合法的な活動である。日本がシロナガスクジラの捕獲を計画しているという主張にはまったく根拠がなく、シー・シェパードはその主張を裏付ける証拠を提示していない。日本が捕鯨の対象としているのは、持続的利用が可能と見られるミンククジラが中心である。

環境保護団体の不安心理喚起戦術には、もう一つ顕著な特徴がある。それは、彼らが、捕鯨対象とされるミンククジラやマッコウクジラの推定生息数をほとんど報じないという点である。これは、彼らが、どの国も捕鯨の対象としていないシロナガスクジラの推定生息数やミンククジラの捕獲数を機会あるごとに明示するのと好対照である。(40) この一貫性の欠如の理由は、「反捕鯨ロビイストは、自分達の議論の説得力を弱める本当の数字は公表しない」（Gambell 2001）、「彼らは自らの主張の支えにならないことは省略する」（Wilkinson 2001）などと識者が指摘する通りである。

真実の一部しか伝えなかったり、偏向した情報を喧伝する手法をどのように評価すればよいのだろうか。英ガーディアン（*The Guardian*）の環境担当記者であるポール・ブラウンは、WWFやグリーンピースのような環境保護団体は、人気動物である鯨や虎を保護する名目で集めた資金を使って、お金は集まりにくいが重要な環境問題である地球温暖化や核兵器に反対するキャンペーンを行なっている点を指摘し、こうした手法は「不正直ではあるが、許容できるものである」と述べる（著者のインタビュー 2001）。実際、グリーンピース・インターナショナルの二〇〇七年の年次報告（*Greenpeace International Annual Report 07*）によると、同団体は現在、海洋、森林、遺伝子組み換え、有毒物質、気候とエネルギー、平和と軍縮の六つの主要分野でキャンペーンを行なっており、守備範囲が極めて広い。全体的に見れば、グリーンピースが、政府や産業界の行動を監視し、不正行為があれば警告を出すという重要な役割を担っているのは間違いない。しかし、これはグリーンピースに限ったことではないが、組織上のニーズから捕鯨問題など一部の問題を煽り立てる環境保護団体のやり方には疑問を持たざるを得ない。

# 第5章　メディアと鯨

カーク提督「皮肉なことだ。人類は鯨を絶滅させた時、自分達の未来を壊したのだ」
（『スタートレックⅣ　故郷への長い道』1986）

第3章と第4章で論じたように、鯨・捕鯨問題を世に知らしめ、国際的課題にする上で政治家と環境保護団体は大きな役割を果たした。しかし、この問題を一般の人々に伝えて、鯨のイメージをロマンチックなものにし、逆に捕鯨に対してネガティブなイメージを植え付けたのはマスメディアだった。新聞、書籍、雑誌、ポスター、ラジオ、映画、テレビ、インターネットなどあらゆるメディアが動員された。本章ではマスメディアの中でも、特に新聞、映画、テレビの三種類のメディアに注目したい。

本章の議論は二つの節に分かれる。**1**は、環境保護団体とマスメディアの共生関係について検討し、鯨が他の動物とは違う特別な生き物であるという言説の創造と流布にメディアがどのような役割を果たしたのかを考察する。スチュアート・ホール、マーシャル・マクルーハン、ジャン・ボードリヤールなどのメディア理論を分析の道具として、メディアの役割を考える。**2**は、『フリッパー』(*Flipper*)、『スタートレックⅣ　故郷への長い道』(*Star Trek IV : The Voyage Home*)、『クジラの島の少女』(*Whale Rider*)の娯楽映画三本と、『ジャック＝イヴ・クストー 海の百科 深海の哺乳類／イルカとクジラの秘密の世界』(*The Cousteau Odyssey 'The Warm-Blooded Sea : Mammals of the Deep'*)、『ザ・コーヴ』(*The Cove*)のドキュメンタリー映画二本、そして『ブルー・プラネット』(*The Blue Planet : A Natural History of the Oceans*)、『野蛮なビジネス』(*Beastly Business*)という二本のテレビ・ドキュメンタリーを例に、鯨・捕鯨問題がメディアでどのように表象されているのかを検討する。

## 1　メディア理論と想像上の鯨

### †メディアの影響力とオーディエンス

マスメディアが現代世界において不可欠な存在であることに疑いはない。高度に機能の分節化が進み、複雑化した社会では、世の中に無数にある出来事を直接の当事者として経験する機会は限られている。他者との直接的なやり取りから得られる情報は貴重であるが、私達にとって、社会で起きている事象を理解する主要な情報源はメディアである。メディアは私達に何が問題なのかを伝えるだけでなく、その問題をどのように解釈すればよいのかも教えてくれる。一言で言えば、メディアは私達に枠組み(frame)を与える。枠組みがなければ、複雑な問題は理解不能のままで、意味をなさない。

しかし、枠組みにはマイナス面もある。枠組みのせいで、私達はある特定の仕方でしか問題を認識することができなくなったり、他の解釈ができなくなったり、事実の別の側面に目を向けられなくなったりする恐れがある。

それでは、枠組みはどのように働くのだろうか。ニュースの制作過程を分析したホール（Hall et al. 1978）は、プロとしての公平さを要求され、限られた時間と予算というプレッシャーに常に曝されているジャーナリストは、ニュース制作において特定の情報源に依存することを余儀なくされると論じる。情報源となるのは、政治家、高級官僚、大企業の役員、労働組合の幹部や学者など、社会的に影響力のある人々である。彼らは、一般の市民が通常アクセスできないような特定の情報に対して特権的なアクセスを保証されている。現代の民主主義国では、様々な社会運動の指導者などもメディアの情報源と言えよう。彼らは社会のエリートであり、専門外の多くの分野でも鋭い洞察力や広範な知識を持っていると考えられている。ホール（同）は、社会で何が問題になっているのかを知らせるという意味で、彼らを「第一定義者」（primary definers）と名付け、第一定義者の従属的な立場にいるという意味で、メディアを「第二定義者」（secondary definers）と名付けた。ヒエラルキーの中で下位に位置付けられてはいるが、メディアは、政府の方針に影響を及ぼしたり、世論に一定の枠をはめる力を持っている。

メディアの力はこれまで、メディア研究者のほか、社会学者や心理学者の大きな関心を集めてきた。「メディアの効果と影響論」と呼ばれる同分野はまた、社会科学や人文科学の中で最も論争を呼ぶテーマでもある。枠組みの重要性に鑑み、メディアがどのように機能し、受け手であるオーディエンス（audience＝視聴者）の認知、態度、行動に影響を及ぼすのかを概観してみたい。なお、本書ではオーディエンスという言葉を、テレビ、ラジオ、映画などの受け手だけでなく、新聞、書籍、雑誌などの読者（reader）も含む広い概念として使用する。

## †オーディエンスは受動的か態動的か？

最初に、ゲートキーパー（gatekeeper）論を取り上げてみよう。ゲートキーパー論は社会心理学者のカート・レヴィンが考案したもので、メディアとそこで働くジャーナリストは情報をふるいにかける文字通り「門番」（ゲートキーパー）としての役割を担っていると考える。ゲートキーパーは、誰を引用し、何を強調するのかを決定する権限を持つ（Gamson and Wolfsfeld 1993 : 119）。ゲートキーパー論に極めて近い概念に議題設定（agenda setting）論がある。この概念は、一九六八年の米大統領選挙を例に、新聞の報道内容によって有権者が重視する争点がどのように影響を受けたのかを調査したアメリカの研究者によって提唱されたものである（Blumler and Gurevitch 1982 : 250–1）。調査によって、熱心に政治活動に関わっている有権者は自らの政治的スタンスを正当化するために新聞に目を通すが、政治と関わりの薄い有権者は、新聞で強調された争点を選挙の争点と考える傾向があることが分かった。メディアはオーディエンスがある問題についてどう考えるか（what to think）ではなく、何について考えるのか（what to think about）に影響を与えるというわけである。議題設定論は今日、投票研究や政治研究以外の分野でも有力な理論となり、現代のメディア研究で広く使用されている。

ゲートキーパー論と議題設定論によれば、マスメディアがオーディエンスに及ぼす影響力は強力であるが、一方で、メディアの強力効果説に反論し、メディアが提供するメッセージ（テクストとも言われる）の解読に際して、オーディエンスが果たす積極的な役割を強調する考えもある。オーディエンスは受動的ではなく能動的な存在であり、他の情報源から得られる知見と比較検討したり、自身の経験や論理を考慮に入れることで、メディアの提示するテクストと積極的に交渉するという考えである。オーディエンスはテクストと交渉し、ある場合には抵抗さえ示す。オーディエンスはまた、同質的な存在ではなく、階級、ジェンダー、職業、地位などの社会的属性に基づいて独自の興味、嗜好、性向を有する多様な集団から構成されている。加えて、テクストには複数の意味が共存しているため、その解釈も様々なものとなる。一言で言えば、テクストは多義的なのである。

## †「文化的空気」による報道内容の制限

ある場合には、オーディエンスがテクストと批判的に交わることは疑いがない。たとえば、法と秩序（例：増え続ける犯罪への対応）や社会保障（例：医療サービスの質の向上）など身近な問題では、人々は予備知識や直接的な経験があるため、メディアの情報に過度に依存することなく、自分自身の意見を持つことが可能である。政党支持や労働組合の役割などの政治的問題では、新聞や放送局の政治スタンスが多様であることが普通であり、特定のイデオロギーに左右されるリスクを最小限に抑えることができる。

しかし、遠方で起きる地球環境問題、オゾン層の破壊など目に見えない問題では、大抵の人々にとって、メディアが唯一の情報源である。捕鯨問題では、鯨肉を食べる習慣がない多くの国々において、メディアの報道は反捕鯨一色になりがちである。そして今度は、こうした人々の文化的コンセンサスがジャーナリストのスタンスに影響を及ぼし、結果的に報道の内容を制限することになる。この点について、英ガーディアンの環境問題担当記者であるポール・ブラウンの次の言葉は示唆的である。

イギリスのように国民のほぼ一〇〇パーセント、そして全政党が捕鯨に反対しているような国で、「日本の捕鯨は問題ない」と反論するのは難しい。読者もそれを望んでいないし、少なくてもそれは大衆受けする話ではない。新聞に載せる話としては極めて難しいのは事実である。（著者のインタビュー 2001）

イギリスの文化研究者であるリチャード・ホガートは、ニュースが作られる際の最も重要なフィルターは「私達が吸う文化的空気、社会のイデオロギー的雰囲気そのものであり、それによって、何が言えて、何を言わずに済ませるのがよいのかが決まる」と述べた（Bennett 1982 : 303）。「文化的空気」は「支配的な価値観」と言い換えることができよう。これによって、ある問題がメディアによって取り上げられ、その結果として、多くの人にとっての関心事となる一方で、一見して同程度の重要性を持つと思われる問題が軽視されたり、無視されたりすることが説明できる。比較的最近の研究では、世論の同調圧力によって、優勢と見られる意見がますます勢いを得る一方で、劣勢な意見がますます孤立化するという「沈黙の螺旋《らせん》」理論なども、こうした現象を説明するものである。捕鯨問題に関する一連の報道ほど、メディアの扱いの不平等性を示す例はないと思われる。野生動物が置かれた状況について直接的な知識を持っていない人は、鯨が素晴らしい生き物であり、捕鯨によって絶滅の危機に瀕しているという報道に日々曝されれば、鯨は他のどのような動物よりも保護が必要であるという印象を持つようになるだろう。

鯨の特別扱いは、他の野生動物や家畜の扱いと比べて際立っている。実際、反捕鯨を国是とする多くの欧米諸国において、鹿や狐、カンガルーなどの陸上動物、ガチョウやキジなどの野鳥の狩猟は、現在でも合法的な行為である。野生動物の狩猟には以前より厳しい目が向けられるようになったし、家畜の置かれた状況に対する抗議の声も高まっている。しかし、鯨に関する報道に比べて量的には遥かに少ないし、内容も穏健なものである。メディアは、狩猟や畜産に対する抗議の声を報道することもあるが、その場合は同時に狩猟や畜産に賛成する声が取り上げられることが普通であり、反対の声は中和されてしまう。欧米のメディアで捕鯨賛成の声がほとんど取り上げられないのと対照的である。

要約すれば、オーディエンスはメッセージを受動的かつ画一的に受け取る存在ではなく、様々なメッセージを批判的に受け取り、処理する能力を備えた能動的で多様な存在である。しかし、捕鯨を支持する報道がほとんど存在しない国では、多くの人々が無意識のうちに反捕鯨感情を抱くようになり、こうした人々の感情が今度は、メディアやジャーナリストの報道姿勢に枠をはめる「文化的空気」を醸成するのである。

## †環境保護団体とマスメディア

次に、環境保護団体とマスメディアの関係を考察してみよう。社会運動とニュース・メディアの相互作用を研究したガムソンとウルフスフェルド（Gamson and Wolfsfeld 1993 : 115）は環境保護団体とマスメディアの関係を次のように表現する。「社会運動の活動家とジャーナリストの間で交わされる会話の多くは退屈なほど単純で予測できるものである。すなわち、「私のメッセージを送れ」と活動家が言うと、ジャーナリストは「私にニュースをくれ」と言い返すのである」。実際の会話が遥かに複雑なのは無論だが、この架空の会話は環境保護団体とメディアの共生的な関係の一面を見事に言い表わしている。インターネットの利用増大によって状況は変わりつつあるが、環境保護団体は、自分達のメッセージをできるだけ多くの人々に伝えるためにマスメディアを必要とする。環境保護団体にとって、マスメディアの助けなしで自らの主張を多くの人々に訴えたり、人々を動員することは極めて困難である。自らのメッセージや活動がメディアに取り上げられることで、キャンペーンの信頼性が高まるというメリットも、環境保護団体にとって大きい。メディアの支持を得て、環境保護団体は社会的に正統な存在として認知され、意見を真剣に聞いてもらえるようになる。

## †ジャーナリストの専門的知識の不足

環境保護団体とジャーナリストの関係では、どの問題を取り上げ、どの組織や活動家を有識者として引用するのかを決める権限を持っている点で、後者の方が比較的強い立場にあるのが普通だが、例外もある。たとえば、海洋汚染源の特定のように、専門的な知識がなければ理解できないような複雑な環境問題では、ジャーナリストは、問題に精通した科学者、政府高官、環境保護団体の活動家のブリーフィング［報道機関などに対する事情説明――著者注］に大きく依存することになる。三つのニュースソースの中では、環境運動家が最も近づきやすく、問い合わせへの対応も早い。環境保護団体の影響力は、ジャーナリストが環境問題の専門家でない場合、さらに大きなものになる。この場合には、環境運動家が圧倒的に強い立場に立ち、どの問題が取り上げられるべきなのか、どのように報道されるべきなのかを決めることになりやすい。

環境問題専門のジャーナリストでも、あらゆる問題を体系的かつ継続的にカバーするのは不可能である。必要に迫られ、環境保護団体が持つ情報や専門知識に頼らざるを得ない場面も多い。さらに、環境保護団体が絶大な影響力を発揮する場面が存在する。捕鯨問題の報道、特にＩＷＣ年次総会に関する報道はその顕著な例である。比較的最近まで、メディアはＩＷＣの会議を直接取材することが許されておらず、一方で環境保護団体はオブザーバーの資格で、会議に参加することができた。このため、報道の多くが、反捕鯨色の強い環境保護団体のブリーフィングに基づいて書かれることになった（小松 2001：272）。会議で合意されたミンククジラの推定生息数など反捕鯨側に不利な情報は無視され、逆にサンクチュアリ（捕鯨禁止区域）の採択などは大々的に宣伝された。ただし、捕鯨問題における一方的な報道をすべて環境保護団体のせいにするのは不公平である。英ガーディアン（*The Guardian*）の環境問題担当記者であるポール・ブラウンによると、「ＩＷＣの初期の会議において、捕鯨国の政府役人は欧米のジャーナリストに対する記者会見に消極的だった」（著者のインタビュー2001）と言う。ただし、近年は日本政府も欧米メディアに対して自らの立場を積極的に説明する機会を設けるようになった。とはいえ、鯨類はすべて絶滅の危機に瀕しているというイメージがすでに人々の心の中に定着しており、捕鯨支持に結び付く知見や議論は疑惑と不信の目で見られやすい。鯨＝絶滅危惧種の言説は揺るがないのである。

## †ジャーナリストの環境保護運動への好意

環境保護団体とジャーナリストの関係を論じる際に考慮に入れなければならないもう一つの要素は、ジャーナリストが一般的に環境保護運動に好意的であるという点である。ダルトン（1994：166–8）によれば、環境主義者は、ジャーナリストを自らの主張の支持者と考える傾向があると言う。環境問題専門のジャーナリストに対してインタビューを行なったロウとモリソン（Lowe and Morrison 1984）は、ジャーナリストが環境問題の活動家に転身した数多くの例について言及している。ジャーナリストと環境運動家の蜜月関係は相互的なものと見られる。グリーンピース・イギリスの元代表、ピート・ウィルキンソンは言う。

私達は報道関係者と極めて良好な関係にあった。私達は彼らを海に連れ出した。［中略］私達は自分達がやろうとしていることに、彼らを加えようとした。［中略］私達はよく笑った。やがて、報道関係者は私達の考えに近づいてきた。彼らは非常に好意的だった。もちろん、これは私達の組織がとても小さなものだった時の話である。（著者のインタビュー 2001）

ウィルキンソンの発言で興味深いのは最後の部分である。組織が小さい時に関係が良好だったというのは、逆に言えば、グリーンピースとジャーナリストの牧歌的で親密な関係は、グリーンピースが何百人ものスタッフと何百万人もの支援者を擁する巨大な組織になって変質したということである。これは、どのような団体でも、規模の拡大とともに組織の硬直化・官僚化が進み、外部との親密な関係を維持するのが困難になるという、組織の一般的な傾向を考えれば、何ら驚くべきことではない。

環境保護団体との長い付き合いを通して、ジャーナリストの心中に疑惑と不信の感情が醸成されることもある。メディアは、環境保護団体の主張を何でも鵜呑みにするほどお人好しではない。アンダーソン（Anderson 1991 : 471）の研究によれば、インタビューに応じた新聞記者と放送事業者十二人のうち九人が、グリーンピースを信用していないと答えたと言う。もちろん、グリーンピースの信頼度は国や人によって様々である。たとえばリンネ（Linné 1993 : 75）は、グリーンピースの反アザラシ猟キャンペーンで苦い経験をしたデンマークの放送事業者は、イギリスの放送事業者に比べて、グリーンピースに対する信頼度が一般的に低いと指摘する。リンネが特に非難するのは、先住民に対するグリーンピースの無神経さである。

先住民とグリーンピースの間の不幸な歴史について書かれた文献は多い。たとえばウェンゼル（Wenzel 1991）は、グリーンピースとIFAWが主導した反アザラシ猟キャンペーンによって、カナダやグリーンランドのイヌイットの経済が崩壊し、それまで比較的良好だったグリーンピースとイヌイットの関係が敵対的なものに変質した事例を報告している。環境保護団体と接する中で、イヌイットは自らを「意図的かつ虚偽の表象の犠牲者」と考えるようになり、「先住民の生活やその野生動物との関わりが、文化的、生態学的、経済的、歴史的に特殊なものである」ことを見ようとしない動物保護運動に不信を抱くようになったと言う（Wenzel 1991 : 150, 180）。

新聞記者や放送事業者がどのようにグリーンピースを見ているのかの考察に戻ろう。これは英インディペンダント（*The Independent*）の記者の発言である。

> 結局、私はそれ［グリーンピースの刊行物――著者注］を読むのを止めた。というのは、それには正しいところも少しはあり、人類のためになることなのだが、科学、証拠、バランスの点では間違っているからである。（Anderson 1991 : 471 から引用）

次の例は、イギリスの民間放送局であるチャンネル4の自然保護番組『壊れやすい地球』（*Fragile*

*Earth*）の担当プロデューサーの証言である。

メディアがグリーンピースのようなものに強く依存するのは極めて馬鹿げたことだと思うが、メディアは実際依存しているのである。メディアはグリーンピースに絶対に正確な情報と、ショッキングで恐ろしい話を提供してくれることを期待し、またグリーンピースが専門家であることを望んでいる。（Anderson 1993：59 から引用）

この二つの引用とアンダーソンの指摘は、メディアが環境保護運動に共感を寄せているというロウとモリソン、ダルトンの主張と真っ向から対立しているように見える。しかし、実際には両者に矛盾はない。ある社会運動を支持することと、その活動家に全幅の信頼を置くことは、ある意味で別のことなのである。

## †メディア側の構造的な問題

とはいうものの、メディアの不信の高まりにも関わらず、環境保護団体はメディアに対して強い影響力を保持しているように思われるが、それはなぜだろう。この疑問に答えるためには、ニュース制作におけるメディアの構造的な問題について検討する必要がある。マスメディア、特に新聞とテレビが、時間や人的資源、予算などの面で絶え間ないプレッシャーの下に置かれているのは、ホール

（Hall et al. 1978：57）の古典的な指摘を待つまでもない。新聞記者やテレビ・レポーターは通常、二十四時間サイクルという厳しい条件の下で取材を行ない、取材した内容をニュースの形に加工し、紙面や画面上で読者、視聴者に提供しなければならない。時間とスタッフの数は限られ、予算は乏しい。メディア同士の競争は激烈である。一方で、ニュースとなる話題、特に環境関連の話題は、紙面と時間の制約の中で伝えるには複雑過ぎることが多い。こうした条件の中で、メディアは遅滞なくニュースを提供しなければならないのである。

ニュースソースである環境保護団体は、メディアのこうした構造的制約につけこむ。メディアを利用する技量の点で、最も巧みな環境保護団体とされるのがグリーンピースであることに異論を唱える研究者は少ない。一九八七年から一九九一年にかけてイギリスの新聞であるガーディアン（*The Guardian*）とトゥデイ（*Today*）の環境問題の記事を調査したハンセン（Hansen 1993：164–5）は、グリーンピースが全記事の約半分で直接引用され、間接引用も記事の二〇％に上ることを明らかにした。ハンセンによれば、たとえ引用されていなくても、記事の約三分の一は何らかの形でグリーンピースに言及していた。さらに驚くべきなのは、ガーディアンの記事六百十一本のうち六本が、記者ではなくグリーンピースの活動家によって書かれていたという事実である（同）。同様の現象はテレビでも見られる。公海上でのグリーンピースと捕鯨者のドラマチックな対決や、原子力発電所の前でピケを張る活動家の英雄的な行動など、グリーンピースが制作した映像と音声付きの「出来合い」（pre-packaged）のニュースを放送局はしばしば利用するのである。

しかし、出来合いのニュースについて、現場で働く個々のジャーナリストを非難するのは酷である。というのは、責任があるのはジャーナリストではなく、編集者である例がしばしば見られるからである。実際、アンダーソン（Anderson 1991：471）が指摘するように、出来合いのニュースは現場の記者の頭越しに編集者へ直接届けられる傾向がある。ニュース制作の最終責任者が現場の記者ではなく、編集者であることを考えれば、この行動は理解できる。「片目を常に部数や視聴率に向け」（Hannigan 1997：67）、もう一方の目を時間と予算の制約に向けざるを得ない編集者が、すでに出来上がった記事や写真に飛びつくことは容易に想像できる。適当なニュースがなくて紙面や放送に穴が開くという事態を極度に恐れるジャーナリストや編集者にとって、出来合いのニュースは無視するにはあまりにも「美味しい」商品である。出来合いのニュースは、人々の感情を刺激する程度に派手で、センセーショナルで、分かりやすいものが望ましい。BBCのニュース収集責任者だったリチャード・サムブルックは「グリーンピースは、よい話とドラマチックな映像を求める私達の欲望を利用する。彼らは、対立と対決という昔ながらのニュース価値につけこむ」と述べている（Pearce 1996：53から引用）。

### †メディアによって作られる「現実」

出来合いのニュースでも、それが正確で公平な限り、受け入れることに何の問題もないという反論もあるだろう。問題なのは、出来合いのニュースがしばしば、誇張や誤りを含んでいるということである。グリーンピースのメディア操作の歴史はある意味、グリーンピースという組織そのものの歴史と同じ長さを持っていると言えるかもしれない。ソ連の捕鯨船団の妨害を狙って、一九七五年春に行なわれたグリーンピースの太平洋への伝説的な航海を例に挙げてみよう。グリーンピースの小さなゴムボードが、マッコウクジラを救うために巨大なソ連の捕鯨船と勇敢に対峙する有名な映像のおかげで、航海は大成功を収め、グリーンピースの名前は世界的に知られるところとなった。以来、グリーンピースという名称は、地球に対する関心と同義の意味を帯びるようになる。しかし、これは部分的には、メディア操作の結果もたらされたものだった。カナダの地方紙であるバンクーバー・サン（*The Vancouver Sun*）の記者を辞め、広報担当者としてグリーンピースの一九七五年の反捕鯨キャンペーンに加わったロバート・ハンター（Hunter 1979 : 178）は、著書『虹の戦士達』（*Warriors of the Rainbow*）の中でこう書いている。

私がしたのは、自分が引用されないよう注意することだけだった。私は引用を作り、それを様々な船員の口から出たコメントとして、外部の世界に「レポート」した。私はジャーナリストとして自分の職業を裏切った。私は航海の「ニュース責任者」として、好ましくない事実をチェックし、外部の人が抱くイメージの形成をコントロールした。航海が単調なものになった時には、私はイベントを演出し、ニュースとしてレポートした。ニュースをレポートする代わりに、私は実際、ニュースを作り出す立場にいて、そのニュースをレポートした。私達は遅かれ早かれ、商品、すなわち捕鯨船団との対決を提供しなければならなかった。

この引用を考慮に入れれば、グリーンピース・カナダの元代表、パトリック・ムーアの次の発言は示唆に富んでいる。「何が真実なのかは大事なことではない。人々が何を真実と信じるのかが大切なのである。〔中略〕メディアが定義したものが現実なのである（You are what the media define you to be)」（Watson 1994 : 104 から引用）。また、シー・シェパードのポール・ワトソンも環境保護運動の戦略を論じた著書の中で、メディアの虚構性について次のように述べている。

> 客観性とは神話であり、錯覚であり、詐欺であり、ごまかしである。メディアの中に客観性は存在しない。客観性の錯覚は戦略としては有効かもしれないが、愚か者だけがメディア文化の中に現実があると信じるのである。（Watson 1993a : 36）

## † 環境関連報道の特徴

次に、メディアが環境問題を一般的にどのように報じているのか、捕鯨問題に焦点を当てながら検討してみよう。捕鯨問題の報道には、①扇動性、②事実の単純化、③虚実の混合、④映像指向性――という四つの特徴があるように思われる。四つの特徴は個別に存在するものではなく、それぞれ緊密に関係していて重なり合うことも多い。英サンデイ・ピープル（*The Sunday People*, 8 April 2001）の次の記事は、環境報道の特徴を考える上で大変参考になる。記事の見出しは「鎖に繋がれ、断末魔の苦しみの中、寿司のために死ぬ：心無い捕鯨者が夕餉を豊かにするために禁止条約を無視」。本文が続く。

この素晴らしい鯨が銛で頭を打ち抜かれて苦しみに喘ぐ中、十分が経過した。〔中略〕それでも、彼はまだ死んでいない。彼の身体から血が噴き出し、甲板上を右に左に流れている。この哀れなミンククジラが鎖で繋がれ、なす術もなく甲板で死を待つ一方で、殺人者は英雄として称えられる。彼らのこのおぞましい行為は、寿司に対する日本人の病的な欲望を満たすためのものだ。〔中略〕しかしそれ〔銛――著者注〕は爆発せず、彼は恐怖の中、いつ終わるともしれない死に直面する。捕鯨者は生きている鯨を解体し始めた。痛みは耐えがたいものに違いない。〔中略〕一時間もすれば、私達の海で最も愛すべき、この巨大で知的な動物は小さな肉片にされてしまう。このショッキングな写真は、日本が商業捕鯨の国際禁止条約を公然と無視し、鯨肉を高価な夕食のメニューに載せるためだけに、鯨を殺している何よりの証拠である。〔中略〕サンデイ・ピープルは捕鯨禁止が恒久的なものになるのを見たい。だから私達は、あなたがた、私達の思いやりのある読者に助けを求める。〔中略〕広報担当者〔IFAWの広報担当者――著者注〕は言う。「日本は一九九四年にIWCが出した捕鯨禁止に公然と違反している。彼らは科学調査のためにそれをしていると主張するが、鯨肉が高級レストランで供されるのをどのように説明するのだろう」。

この記事を引用したのは、環境報道の四つの特徴を見事に満たしているからである。まず扇動性から見ていこう。記事全体の調子と使用されている言葉が挑発的なものであることは明らかである。捕鯨者が「おぞましい」(grisly) 行為に従事する「殺人者」(murderers)、日本人が「病的な欲望」(sick greed) を持っていると形容される一方で、ミンククジラは彼 (he) と擬人化され、「なす術もなく」(hopelessly)「小さな肉片にされる」(chopped to bits)「素晴らしく」(magnificent)「知的な」(intelligent) 動物と表現されている。また、鯨が生きているという「事実」は捕鯨の残虐性の証拠となっている。扇動性は、劇的な事件、特に対立や危機を好むメディアの性向と密接な関係にある。事件が誰かの悲劇や不幸を伴えば、読者や視聴者の関心を引くことができる。新聞記者からグリーンピースの広報担当者に転身した前出のロバート・ハンターは言う。

セックス、政治、スポーツ以外で人の注目を集め、興奮させ、その血を沸き立たせるのは暴力である。人間のすぐ近くで発射された銛はニュースだが、話し合いはニュースではない。[中略] 対決や、生命や身体の危険がなければ、メディアは私達のことに関心を持たない。(Dale 1996 : 151 から引用)

一度身に付いた癖はなかなか直らない。ハンターが言うように、ニュースには「流血があれば、見出しが取れる (If it bleeds, it leads.)」(Dale 1996 : 153 から引用) という鉄則がある。事件が悲劇的であればあるほど、メディア受けする。ところで、サンデイ・ピープルの記事は鯨の苦しみを鮮明に描写しているにも関わらず、捕鯨が行なわれた日時も場所も特定していない。これは推測に過ぎないが、記事の執筆者であるシャルロット・セリグマンは実際には捕鯨の現場に立ち会っていなかったのではないだろうか。セリグマンは第三者から取材して書いたか、あるいは以前テレビで見たり、本で読んだ光景を繫ぎ合わせて記事を書いたのではないだろうか。さらに言えば、シャルロット・セリグマンという名前が偽名である可能性も高い(41)。

二番目の特徴である事実の単純化に移ろう。環境関連の記事は、最大限の感情的アピールを狙って、複雑な問題をたとえば善と悪、正義の味方と悪漢、加害者と被害者のような単純な図式で描く傾向がある。例に挙げた記事では、正義の味方(新聞とその読者)が、罪のない被害者(ミンククジラ)を苦しめる悪漢(日本人と捕鯨者)を非難するという調子で書かれている。この図式の中で、新聞は鯨の保護者であり、「思いやりのある読者」の助けを借りて、鯨の救出を図る正義の味方である。

特徴の三番目の虚実の混合は、事実の中に嘘を紛れ込ませることのほか、英語で言うところの「partial truth」(部分的真実)、すなわち自分にとって都合のよい事実を大々的に伝える一方で、都合の悪い事実を省略したり歪めて伝えることなどが含まれる。虚実の混合は、扇動性や事実の単純化と絡み合って表われることが多い。虚実の混合は、報道をインパクトのあるものにする手段として、メディアが故意に使うこともあるが、ジャーナリストの勉強不足や、ニュースソースが流した偽情報をジャーナリストが真に受けた結果として生じることもある。例に挙げた記事の中で、日本の捕鯨に反対する理由として、鯨肉が金持ちのグルメに供されているとの指摘があった。この指摘は部分的には正しいが、鯨肉が現代の日本で高価なのは、商業捕鯨の禁止措置で供給が制限されていることが大きい。商業捕鯨の禁止以前は、鯨肉は所得の比較的低い人々が食べる肉であり、安価なことから学校給食のメニューになっていた。捕鯨の是非はともかく、商業捕鯨が再開されれば鯨肉の価格が低下するのは間違いない。こうした歴史的背景の説明がなければ、読者は誤った道徳的判断を下すことになる。虚実の混合はまた、ニュースソースの偽情報が原因であることもある。前述の記事を例に挙げれば、鯨肉が日本のレストランで供されているのは違法であるという指摘は的外れである。日本が鯨肉を市場に流通させ、その利益を捕鯨にかかる費用の一部に充てているのは事実だが、これは完全に合法である。一九四六年のICRWよって、調査捕鯨で得られた肉の有効利用が認められているのである(42)。

四番目は映像指向性である。前述の記事には、インパクトの強い二枚の写真が添えられている。一枚はテーブル上の色鮮やかな刺身の写真であり、もう一枚は長い舌を口から出して船上に横たわる鯨の写真である。二枚の写真は、日本人の異常な食習慣と捕鯨のおぞましさを強調する狙いをもって記事に添えられていることは明らかである。

## †タブロイド紙に限らない問題報道

環境関連報道における映像の重要性について議論をさらに進める前に、この種の問題含みの報道が、低級と言われるタブロイド紙に限ったものでないことを、例を挙げて見てみたい。次は、高級紙である英ガーディアン（*The Guardian*, 21 July 2001）に掲載された記事（見出しは「残虐な捕鯨：モラトリアムは四面楚歌状態」）からの引用である。

利益目当てで性懲りもなく捕鯨を続けるノルウェーが、希少動物の国際取引禁止を公然と無視して、鯨製品の輸出を提案している。［中略］一方、日本の強情さはショッキングで恥ずべきものである。最近の調査は、一九八六年の禁止措置で保護された十三鯨種がなお絶滅の危機に瀕していることを示唆している。たとえば、南極海のシロナガスクジラは地球温暖化で局地の氷が融解していることもあり、かつてないほど危機的な状態にある。もしＩＷＣが効果的に機能しないなら、クラーク氏［ニュージーランドの元首相――著者注］が提案するように、国連が乗り出すべきである。

記事の要点は、日本とノルウェーが進める捕鯨によって、モラトリアムが危機的状況にあるというものである。これは一見もっともな議論である。しかし、記事の事実誤認は、記事の信憑性を大きく損なっている。まず第一に、ノルウェーの鯨肉輸出が国際法違反であるという指摘は誤りである。ノルウェーも日本も、鯨肉の取引を禁止したワシントン条約の決定に留保を表明しているので、鯨肉取引は法律上何の問題もない。第二に、シロナガスクジラの置かれた状況の説明は、日本にとって言いがかりに近い。シロナガスクジラを絶滅の危機まで追い込んだのは、**表2**（第1章一四頁）で見たように、ノルウェーとイギリスである。

次は英オブザーバー（*The Observer*, 30 July 2000）の科学担当編集者、ロビン・マッキーの書いた記事である。

日本の捕鯨者が鯨を陸に揚げた。昨日出港した船団はまた、ニタリクジラと絶滅の恐れのあるマッコウクジラを殺すつもりである。［中略］マッコウクジラは、ハーマン・メルヴィルの『白鯨』で不朽の名声を得た巨大な歯鯨であるが、哺乳類最大の脳と最も貴重な鯨肉を持っている。

前章でも触れたが、記事の指摘とは逆に、マッコウクジラは大型鯨類の中で最も数の多い鯨である。**表3**（第1章二五頁）で見たように、推定で百万頭以上が生息していると見積もられている。記事の指摘は明らかに誤りである。

## †映像の優位性

話を映像指向性に戻そう。映像イメージは特にテレビにとって死活的に重要である。テレビ報道では、言語表現が映像の副次的な役割しか果たさないことがしばしばある。極端な場合には、言葉の役割が無きに等しいことさえある。具体例として、デルカ（DeLuca 1999 : 120）が紹介しているキャスリーン・ジェーミソンの実験を見てみよう。ジェーミソンは被験者に、偽の政治コマーシャルを、そのコマーシャルを批判するナレーションと一緒に見せる実験を行なった。実験の結果は、視聴者は批判よりコマーシャルをずっとよく覚えていたというもので、批判的なナレーションはコマーシャルの効果を相殺することができなかった。もう一つの例は、当時アメリカの大統領候補だったロナルド・レーガンのメディア・チームがレーガンの個人的人気を高めるために行なった選挙キャンペーンである。同じくデルカ（DeLuca 1999：122–23）によれば、パブで肉体労働者とビールのジョッキで乾杯したり、老人センターの開所式に出席するレーガンの映像をメディアで流すことで、チームは、実際にはレーガンが労働者や高齢者に厳しい政策を打ち出しているにも関わらず、「レーガン＝民衆の大統領」というイメージを作り出すことに成功した。こうした例は、テレビ時代には映像が言葉より優位に立つことを示している。

## †グリーンピースの巧みなメディア操作

イメージに関して言えば、グリーンピースが、イメージの持つ力にいち早く気づき、その力を環境保護運動で最初に示した組織であるとする点で、学者や環境保護団体の多くの認識は一致している。グリーンピースはテレビ時代におけるメディア操作、イメージ操作の達人である。グリーンピースは組織の歴史上、反アザラシ猟、反核など数多くのキャンペーンを成功させてきたが、一般市民や政策担当者への影響力の点で、一九七五年の反捕鯨を訴える航海が最も成功したキャンペーンと言えよう。このキャンペーンは文字通り、鯨や捕鯨に対する世界の意識を一変させた。前章でもこの問題を取り上げたが、グリーンピースのその後の方向を決定付けたと言われるキャンペーンの様子をここで再現し、その意味合いを再考してみよう（DeLuca 1999 ; Greenpeace 1996を参照）。

キャンペーンのハイライトは、一九七五年六月二十七日、カリフォルニアの沖合約八〇キロを舞台に行なわれた。ソ連の捕鯨船団を太平洋上で追跡したグリーンピースの航海船、フィリス・コーマック号から、強力なエンジンを備えたゴムボート三艘が海上に降ろされ、そのうちの一艘が、マッコウクジラを守る「人間の盾」として、鯨と捕鯨船の間に割り込んだ。ゴムボートを誤射することを恐れて、ソ連の捕鯨者が銛の発射を控えるのではないかとの期待に反して、捕鯨船は銛を射出。銛はゴムボートに乗っていた活動家の頭を飛び越えて、近くにいた鯨の背中を直撃し、瀕死の鯨から流れ出る鮮血で海上が赤く染まった。現場にいたグリーンピースの活動家はこの劇的なシーンをビデオに収め、世界のメディアに即時に配信した。こうして、西洋の環境運動家がソ連の巨大な捕鯨船団に勇敢に立ち向かう姿は、冷戦の進行と地球規模の環境悪化という陰鬱な世界に暮らす人々の想像力を大きくかき立てることになったのである。

このシーンにおいてグリーンピースは、人々の心の中に、単純だが強力な二つの対照的なイメージを投影することに成功した。一つは、環境保護という大義に無心で生命を投げ出す勇敢な活動家と、神聖な自然を傷付けることに何の良心の呵責も感じない殺人マシーンとしての捕鯨者というイメージ。もう一つは、海上で要塞のような威容を誇る捕鯨船と、その巨大な船の前では無力でちっぽけな存在に過ぎない鯨というイメージ。このイメージがあまりに鮮烈だったため、人々がそれまで抱いていたイメージは壊され、逆転することになった。すなわち、反近代主義でヒッピー然とした環境運動家が地球の守護神に、かつて勇気とフロンティア精神の体現者だった捕鯨者が冷酷な殺人者に、海の怪物と恐れられていた鯨が人間の保護が必要な哀れな動物に、という具合である。小さな者が大きな者を打ち負かす例として有名な旧約聖書のダヴィデとゴリアテの戦いに喩えれば、この逆転した世界では、少年ダヴィデ（捕鯨者）が巨人ゴリアテとなり、ゴリアテ（鯨）がダヴィデとなる。巨大な捕鯨船団に立ち向かう環境運動家もダヴィデの役を演じる（Hunter 1979）が、この現代のダヴィデが神話に出てくるダヴィデと違うのは、ポータブル・ビデオカメラと衛星送信器という「魔法の杖」を手にしている点である。

設立されて間もないグリーンピースが、鯨や捕鯨のイメージを変えるほどの力を持っていたとは信じがたいかもしれない。しかし、この変化は偶然の産物ではなく、周到に計画されたものだった。それは、マーシャル・マクルーハンの当時としては画期的な考えに基づいていた。マクルーハンはカナダ生まれのメディア研究者であり、新しいコミュニケーション技術が全社会を変える可能性を持っていることに早くから気づき、考えを巡らせていた（McLuhan and Zingrone 1997）。マクルーハンの基本的な考えは、「メディアはメッセージである」（the medium is the message）、「地球村」（global village）などの有名な金言に集約されている。「メディアはメッセージである」というのは、新しいテクノロジーであるメディアは、新しい環境を生み出し、その環境はメディアが伝える内容以上に私達や社会に影響を及ぼすという考えである。一方、「地球村」は、テレビに代表される電子メディアは時と場所を簡単に乗り越えるため、世界がまるで小さな村のようになり、誰もが遠くで起きた出来事でも瞬時に知ることできるようになるというものである。グリーンピースの初期の活動家の中に、マクルーハンの信者が複数存在したという事実を忘れるべきではない。彼ら活動家がやったのはある意味、マクルーハンの教えを実践に移すことだったと言えよう。実際、前述のロバート・ハンターは当時、反核と反捕鯨キャンペーンを「メディア戦争」と呼び、「私達はマーシャル・マクルーハンを勉強していた」と公言していたと言う（Pearce 1991 : 19 から引用）[43]。また、シー・シェパードのワトソン（Watson 1993a）も著書の中で、自身が影響を受けた賢人の一人としてマクルーハンを挙げている。

## †映像指向性の長所と短所

環境関連報道の映像指向性には長所と短所がある。映像は、人間心理に深く入り込み、学者や役人の発言や文書に典型的に表われる曖昧さや難解な専門用語をすり抜ける不思議な力を秘めている。イメージの力は、捕鯨論争の歴史を見れば一目瞭然である。科学者や環境運動家が、乱獲によって鯨種の一部が絶滅の危機に瀕していると繰り返し警告しても、鯨の苦境に関心を寄せる人はほとんどいなかった。世間の風向きが変わったのは、グリーンピースの撮った写真や映像が新聞やテレビに登場した時である。他方で映像は、道理に適った議論をセンセーショナルなものにしたり、複雑な問題を単純化したり、映像の背後にある重要な問題を見えにくくするよう働くことがある。最悪の場合には、大切な問題が、写真映りが悪いという理由だけで無視されることもある。

テレビは映像が死活的な重要性を持つメディアである。映像がなければ、ニュースとして扱われないことも多い。イギリスのテレビ制作会社、ＩＴＮの科学担当編集者の次のコメントは示唆的である。「私達はその脅威を示すことができるだろうか。その脅威を映像で見せることはできるだろうか。もしできないなら、忘れてしまうことだ」（Chapman et al. 1997 : 47 から引用）。鯨が銛を打たれて苦しんでいる様子を見せるのは容易だが、地下水が汚染されている様子や、オゾン層が薄くなった様子を見せるのは容易ではない。メディア、特にテレビで取り上げてもらうには、映像が必要である。グリーンピース・イギリスのプログラム・ディレクターを務めたクリス・ローズの言葉を借りれば、現代は好むと好まざるとに関わらず、「イデオロギー（ideology）ではなく、イマゴロギー（imagology）［イメージを強調した造語――著者注］」（Rose 1993 : 287）の時代なのである。

## †ハイパーリアリティとイメージの発展モデル

本章ではここまで、環境関連報道において視覚イメージ（映像）が私達の認識に強い影響力を及ぼす様を見てきた。その影響力は、言葉の力を上回り、議論を制するほど強いものであった。本章で映像と呼んだのは、たとえば鯨や捕鯨者など、実在する物や人の写真や映像のことだった。映像は操作や歪曲を受けやすく、その現実（真実）性は、映像提供者の意向に大きく左右されるが、まったくの捏造《ねつぞう》でない限りは、映像が現実の少なくても一部を映し取っていることに疑いはない。しかし世の中には、現実をほとんど反映していないにも関わらず、心象風景として私達の心にはっきりと存在する映像がある。ここからは、ハイパーリアリティ（超現実）の考えを用いて、議論を進めたい。ハイパーリアリティとは、オリジナル（起源）を持たない人工物であるが、現実の物、実在する物より現実的な感覚を私達に与える物や世界を指す。たとえば、コンピューター上で生成されたヴァーチュアル・リアリティ（仮想現実）上のキャラクターは実在する人物をモデルにしたものではなく、オリジナルは存在しないが、ある人にとっては実在する人物以上に現実的な存在である。これが、ハイパーリアリティやシミュレーションと呼ばれる物である。

ポストモダン思想で有名なフランスの社会学者、ジャン・ボードリヤール（1984：8）は「シミュラークルとシミュレーション」（Simulacra and Simulations）と題する論文の中で、記号や画像（イメージ）は対象物や現実に一致したもの、あるいはその反映であるという従来の考えに強い疑問を呈し、次のようなイメージの発展モデルを提案した。

第一段階：画像はひとつの奥深い現実（réalité）の反映だ。
第二段階：画像は奥深い現実を隠し変質させる。
第三段階：画像は奥深い現実の不在を隠す。
第四段階：画像は断じて、いかなる現実とも無関係。

第一段階では、イメージは現実を忠実に再現する。第二段階では、イメージは現実を隠蔽し、歪んで映し出す。これは、労働者階級の持つ虚偽意識が資本主義社会の本質を隠蔽する働きをするとしたマルクスのイデオロギーの概念に極めて近い。第三段階では、現実が巧妙に隠蔽されるため、現実が不在であることさえまったく気づかれなくなる。発展モデルは第四段階で頂点に達する。イメージは現実との関わりを一切喪失し、独自に存在するようになる。

### †イメージの発展モデルで見た鯨のメディア表象

ボードリヤールのイメージの発展モデルを、鯨・捕鯨問題に関するメディア表象に応用してみよう[44]。まず第一段階では、メディアは鯨・捕鯨問題を科学的知見（たとえば、シロナガスクジラが乱獲で激減したとするIWC科学委員会の報告など）や実際に起きた事案（たとえば、石油の利用拡大による鯨油産業の崩壊など）に基づいて報道する。この段階では、ジャーナリストの無知や誤解による誤った報道などは若干あるが、メディアは概ね、問題を歪曲なしで「客観的に」伝える。

第二段階では、メディアは反捕鯨の姿勢を鮮明にし、自分達が伝えたい「物語（ストーリー）」にそぐわない事件や科学的知見を無視する傾向を示す。同時に、人間とイルカの交流を描いた『フリッパー』のような映画が制作され、イルカや鯨が人間の友達であるとの印象を人々に広める。一方で、イルカや鯨が実際には魚を捕食し、時には自分の仲間さえ攻撃することがあるという現実は取り上げられない。

第三段階において、グリーンピースと捕鯨船団の対決などの「疑似イベント」（pseudo-event）や「エコ・ドラマ」（eco-drama）がメディアで大々的に報道される[45]。鯨は、書籍、ポスター、CD、テレビ・ドキュメンタリー、映画、DVDなど種々のメディアに登場するようになる。メディアによる過剰で好意的な表象によって、鯨は「海の人類」としての地位を獲得し、海洋哺乳類という生物の現実は不在となる。第二、第三段階においては、環境保護団体が鯨のイメージの向上に大きな役割を果たす。

メディアの世界における鯨の進化は、海中における鯨の実際の生活様式が重要性を失い、大自然の象徴としての意味合いを付与される第四段階で頂点を極める。第四段階の鯨は環境保護団体とメディアによる巧妙な共同創作の賜《たまもの》であり、メディアの中、あるいは私達のイマジネーションの中にだけ存在するのである。

### †想像上の鯨

私は、第二段階から第四段階の鯨を、私達の想像の世界の中でだけ生息する架空の存在であるという意味で、「想像上の鯨」と呼びたい。想像上の鯨はファンタジーの産物であるため、完璧で欠点がなく、親切、配慮、友情、純真、優美、知性、寛容、ユーモアなど、私達が友人や家族に望む性質をすべて備えている（Kalland 1993）。想像上の鯨は大自然の象徴でもあるため、平和、自由、平等、調和、静寂、連帯など、私達が社会に望む属性もすべて兼ね備えている（同）。こうした属性の多くは人々が過去のある時期に失くしてしまったものであり、それだけに一層、現代において大きな価値を持つのである。想像上の鯨は、近代化と個人化の進展の中で現代社会を席巻する剥き出しの経済至上主義やエゴイズムの対局に立つ。想像上の鯨は、人類を環境破壊や自己中心主義などの原罪から救ってくれる存在であり、神のオーラを帯び、その神々しさが贖罪《しょくざい》と精神的充足を求める多くの信者を魅了するのである。こうして想像上の鯨は、私達の心の中に確固たる存在として定着する。

想像上の鯨という概念は、森田勝昭の言う「メディアホエール」ときわめて近い。森田（1994：391）はメディアホエールを「現代が希求する諸価値が、科学と高度現実感覚で高められた高エネルギーのイメージ群」と定義した上で、その特徴として①鯨の知性の研究など「科学的」な装いを施されている、②愛、平和、瞑想など、現代が求めるプラスの価値が盛り込まれている、③映像や音声表現に高度現実感（ヴァーチュアル・リアリティ）が入っている――の三つを挙げている。メディアホエールは餌を食べず、瞑想の世界に生きる非現実的で非歴史的な神のような存在である。メディアホエールは「人間の域を越え、ついには地球全体を見下ろす宇宙を泳ぎ始め、神となる」（同）。この点、次節で詳しく見るように、映画『スタートレックⅣ　故郷への長い道』に出てくるザトウクジラが大自然の象徴として描かれ、鯨を彷彿《ほうふつ》とさせる物体がザトウクジラとの交信を求めて地球に接近してくる様子は示唆的である。

ノルウェーの人類学者アルネ・カランも、批判的な視点で鯨の魅力を研究した学者である。カラン（1993）は、鯨が単数形で語られる傾向があることに着目し、架空の存在である「スーパーホエール」（super whale）の概念を打ち出した。この架空の鯨は、「地上最大の動物」（シロナガスクジラの特徴）であり、「地上最大の脳の持ち主」（マッコウクジラ）であり、「体重比で脳の比率が高く」（バンドウイルカ）、「様々な歌を歌い」（ザトウクジラ）、「人懐っこく」（コククジラ）、「絶滅の危機に瀕した」（シロナガスクジラ、ホッキョククジラ）存在である。以上のように、スーパーホエールは私達を引きつける特質のすべてを体現しているのが、このような鯨は現実世界には存在しない。

## †視覚的イメージと「仮想の良心」

ボードリヤールが提唱したシミュレーションやハイパーリアリティなどの概念は、鯨が私達のイマジネーションの中で美しいイメージを獲得した理由を考察するのに有効である。一部の批評家が言うように、ボードリヤール（2001）は論文「湾岸戦争は起こらなかった」（The Gulf War Did Not Take Place）で、一九九一年に実際にあった湾岸戦争について「今度の戦争は、始まる前から終わっていたようなものだ」と述べて物議を醸すなど、言葉が先走る面があるのは事実である。しかし、一海洋哺乳類に過ぎない鯨が、私達のイマジネーションの中で神のような存在に進化した過程を考えれば、イメージと現実の境界の消滅を指摘したボードリヤールの主張は説得力がある。

もし、ボードリヤールや他のポストモダンの思想家の主張が正しければ、私達は、視覚的イメージが現実を乗り越え、疑似イベントが実際の事件より重要性を持ち、心象風景が写真より現実味を持つハイパーリアリティの世界に生きていることになる。(46) この架空の世界で私達は、何であれ問題となっている事柄に対する態度を、主に「非視覚的情報のより長期的な経験的事実認識の評価ではなく、皮相的なイメージ」（Hannigan 1997 : 181）に基づいて形成する。重要なのはイメージであって現実ではない。もし鯨がメディアや私達のイマジネーションの中で危機に瀕しているのならば、マッコウクジラやミンククジラが実際に何百万頭いようとも、絶滅から守らなければならない。肝心なのは、私達の「仮想の良心」を慰めることである。鯨が喧伝されるほど知的でなく、人懐っこくなくても、それは重要なことではない。鯨がイマジネーションの中で、素晴らしい生き物であることに疑いはないのである。

## 2　映像の中の鯨

### †テレビや映画に見る鯨のイメージ

前節では、鯨が私達の想像力の中で特別な存在になった理由を理解するための補助線として、関連するメディア理論を概観した。また、イギリスの新聞で鯨がどのように表象されているのかについても見た。しかし、言うまでもないことだが、新聞は鯨・捕鯨問題を扱っている数あるメディアの一つに過ぎない。書店に足を運べば、小説、詩、絵本、図鑑、雑誌などが鯨やイルカの話を美しい写真や挿絵付きで紹介している。家庭でテレビをつければ、ニュースやドキュメンタリーなどの形で鯨が登場するし、鯨やイルカを主人公にした映画も数多く制作されている。インターネットにアクセスすれば、鯨や捕鯨に関する世界中のあらゆる情報を瞬時に入手できる。

歴史的に見れば、第1章で論じたように、鯨の表象においては神話と小説が大きな役割を果たしてきた。旧約聖書のヨナの物語は、畏怖すべき鯨というイメージを西洋人に長く植え付けてきた。アメリカ文学の傑作であるメルヴィルの『白鯨』は、人間の支配を許さない巨大で謎めいた鯨というイメージを西洋人の心に抱かせてきた。

活字メディアは重要であるし、近年では特に若者の間でインターネットの影響力が格段に増している。しかし多くの人は、現代社会で最も影響力のあるメディアは何かと問われれば、テレビと答えるだろう。英ガーディアン（*The Guardian*）の環境問題担当記者であるポール・ブラウンは鯨・捕鯨問題におけるメディアの役割について次のように話す。

テレビと映画は、活字が描写できない方法で動物のクローズアップを見せる点で、とても強力である。人々は、鯨が美しく、興味深く、楽しい仲間であるとの印象を持つ。そして鯨を殺す人達の記事を読み、憤慨する。テレビが幸せな鯨のイメージを作り、私達のような活字メディアが捕鯨の事実を伝える。この二つの組み合わせである。（著者のインタビュー 2001）

人々はテレビや映画を通して鯨に対するプラスのイメージを形成し、新聞を読んで捕鯨や捕鯨者に対するマイナスのイメージを持つというブラウンの役割分担説には一定の説得力がある。これまで鯨・捕鯨問題がどのように表象されているのかを新聞記事を中心に見てきたが、ここからはテレビや映画を材料に同問題を分析したい。作品の選択が包括的なものではなく、例示的なものであることを最初に断っておきたい(47)。個々の作品の粗筋、ポイント、重要なシーン（エピソード、描写、会話など）を分析してみよう。

## ①『フリッパー』（*Flipper*）（一九六三年アメリカ作品、ジェームズ・クラーク監督）

### ■粗　筋

サンディは、アメリカのフロリダキーズの漁師、ポーター・リックスの息子である。ガールフレンドのキムや友達と海にピクニックに出掛けたところ、キムの従兄が水中銃でイルカを撃ってしまう。サンディは怪我をしたイルカを放っておくことができず、世話をするために自宅のプールに連れ帰る。フリッパーと名付けられたイルカは怪我から回復し、サンディとの友情を深めていく。フリッパーは数々の愛らしい芸を披露し、町の子ども達の人気者になる。しかし、フリッパーとの遊びに夢中になって家の手伝いが疎かになる息子の様子を見かねたポーターの命令で、サンディはフリッパーを海に戻す。サンディとポーターが赤潮被害に遭った海に漁に出掛けた時、フリッパーが現われ、魚が群れる新しい漁場に親子を案内する。サンディは豊漁をもたらしたのはフリッパーだと告げるが、ポーターは信じない。しかし、鮫に襲われて溺れかけたサンディを助けるフリッパーを見て、ポーターはフリッパーの素晴らしさを知る。

### ■ポイント

人々が抱くイルカと鯨のイメージに大きな影響を与えたという点で、映画『フリッパー』とそのテレビ・シリーズ（日本名『わんぱくフリッパー』）は最も重要なメディア作品であると言っても間違いないだろう(48)。一九六〇年代以前には、何万頭もの鯨が毎年捕殺されていたにも関わらず、鯨に対する人々の関心は低かった。当時の人々にとって、鯨は「大きく肥えた豚と同じ程度の美的魅力しかない、ずんぐりと不格好な動物」（Scarff 1980 : 258）であり、捕鯨産業にとっては肉と油の塊に過ぎなかった。しかし、『フリッパー』や鯨を特集したテレビ・ドキュメンタリーの登場で、状況は劇的に変わった（Payne 1995 : 222）。映画やテレビ・シリーズに登場するイルカは陽気で、知的で、遊び好きであり、人々は短期間のうちに鯨やイルカに対する好印象を形成した。この点について、『わんぱくフリッパー』に使われたイルカの調教師であり、後述のドキュメンタリー映画『ザ・コーヴ』で語り部として登場するリチャード・オバリーは映画の中で「この巨大産業〔水族館やイルカ・ショーなどの娯楽産業──著者注〕を生み出したのは『わんぱくフリッパー』である。イルカと泳ぎ、キスし、抱き締め、死ぬほど愛したいという願望を生み出した」と述べている(49)。

映画『フリッパー』が、イルカに対するロマンチックなイメージを人々に抱かせる触媒になったのは単なる偶然ではない。これは、イルカが独自の倫理と言語、推論能力を備えていることを最初に提唱したリリーが映画の制作協力者に名前を連ねていたことでも分かる。『フリッパー』は、人々がイルカの魅力に目を振り向けるように入念に制作された作品なのである。映画には実際、イルカは人間の友達であり、両者は互いに尊敬の念を持って共存すべきであるというメッセージを訴えるシーンが数多く登場する。

『フリッパー』は興行的に大成功を収めた。映画を基にアメリカの大手ネットワークのＮＢＣは、一九六四年から一九六八年にかけて八十八話のテレビ・シリーズを制作した。登場人物の設定の点で、映画とテレビ・シリーズには若干の相違があるが、主人公のフリッパーはテレビでも映画と同様の素晴らしい演技を披露する。テレビの中でもフリッパーは、溺れている人を助けたり、ワニの攻撃から犬を守ったり、メスのイルカと恋に落ちたり、ソ連のスパイを摘発したりと大活躍である。映画とテレビ・シリーズは世界中に輸出され、フリッパーは世界中で最も愛されるヒーローの仲間入りをした。『フリッパー』は一九九五年にテレビ・シリーズとしてリメークされ、一九九六年には映画のリメーク版も制作されている。オリジナル映画の名場面を見てみよう。

■シーン１

子ども達の前で、水中に投げ入れられた帽子やボールを取って来たり、水上でクルクル回転するなどの曲芸を披露するフリッパー。カメラは水上と水中からフリッパーの優雅な動きを捉える。フリッパーの知性と素晴らしさを強調した印象的で美しい歌がシーンを盛り上げる。イルカが特別な動物であるとの印象を子どもに強く刻み込ませる場面である。歌詞の一番は次のようなものである。

（一番）
みんなに慕われている　素敵な海の王者

いつでも優しくて　思いやりにあふれている
子ども達のために　楽しい芸を見せてくれる
彼がいてくれれば　みんな笑顔でいっぱい
彼の名はフリッパー
稲妻よりも速く泳ぐ
そして誰よりも賢いイルカ
フリッパーが棲む　奇跡のような世界
私達の知らない　深い深い海の中

■**シーン2**

映画の終わりの場面。フリッパーがサンディをサメから守り、ポーターの元に届ける。事件の後、リックス一家がイルカについて語り合う。

**サンディ**　サメをやっつけたフリッパーは僕をボートまで連れて来てくれたんだ。あのギリシアのアリオン［古代ギリシアの詩人でイルカに生命を助けられた――著者注］という人の話と同じだよ。信じてくれるでしょ、パパ？

**ポーター**　この目で見たからな。

**サンディ**　パパ、それにあの辺りには魚が何百万といる。フリッパーが案内してくれたんだ。あれだけいれば足りるでしょ？

**ポーター**　これはイルカと助け合えというお告げだろうな。もう殺さないよ。

ここで、人を助けるイルカの伝説が「実話」であることが映像で証明される。サンディとポーターの後半部分の会話も重要である。人間とイルカが共存するのに十分な魚がいると主張するサンディに対してポーターは、イルカと平和に暮らす道を探ると約束する。貴重な魚を食べるイルカを殺すしかないと断言していたポーターにとって、一八〇度の方針転換である。過剰な保護によって数が増えた海洋哺乳類と人間との間で魚の取り合いが世界の各地で起きている昨今の状況を考えると、ポーターの発言は重要である。穿《うが》った見方をすれば、このシーンは魚をめぐる漁師とイルカの将来の対立を予見していたかのようである。

**②『スタートレックⅣ　故郷への長い道』（*Star Trek IV : The Voyage Home*）（一九八六年アメリカ作品、レナード・ニモイ監督）**

**■粗　筋**

カーク提督とエンタープライズ号の乗組員が軍法会議を受けるために地球に帰還すると、地球は謎の宇宙物体（探査船）の脅威に曝されていた。探査船から発信される強力な電波によって、地球の天候は劇的に変わり、海水は蒸発し、あらゆる動力が止まってしまう。地球を救うには、ザトウクジラとの交信を求めて飛来した探査船を宇宙に帰す必要がある。そのためには、過去にタイムトリップし、二十三世紀の地球にザトウクジラを連れて来なければならない。かくして、異星人であるクリンゴン人の宇宙船に乗り込み［エンタープライズ号は前回の物語で破壊された――著者注］、カークと乗組員はザトウクジラがまだ絶滅していない一九八六年の地球にワープし、サンフランシスコに上陸する。文化的な違いによるトラブルもあって悪戦苦闘するが、乗組員はザトウクジラを二十三世紀の地球に連れ帰ることに成功する。探査船は宇宙空間に戻り、地球に平穏が戻る。この活躍により、カークに対する告訴は取り下げられ、新しいエンタープライズ号を手に入れた乗組員はさらなる冒険を求めて宇宙に旅立つ。

■ポイント

『スタートレック』はSF映画とテレビ・シリーズのタイトルである。スペース・オペラ／ファンタジーというジャンルでその人気に匹敵するのは、おそらく『スターウォーズ』シリーズだけだろう。スタートレックは一つの社会現象でもある。宇宙人を父に持つスポックなどの登場人物や、「転送せよ」（beam me up）などのセリフは世界中で通じる。また、その人気に因んで米国航空宇宙局（NASA）が最初のスペース・シャトルをエンタープライズ号と命名したことは有名である。一九六六年に最初のテレビ・シリーズが放送されて以来、五本のテレビ・シリーズ、十一本の映画、一本のアニメが制作された。『スタートレックⅣ　故郷への長い道』は映画シリーズの一つであり、『スタートレックⅡ　カーンの逆襲』（*The Wrath of Khan*）（1982）と、『スタートレックⅢ　ミスター・スポックを探せ』（***The Search for Spock***）（1984）に続く三部作の最後を飾る作品である。

多くの批評家が指摘するように、スタートレックは人道主義、自由主義、多文化主義、開拓者精神などの政治的・社会的メッセージが込められた作品であり、それは、二十三世紀までには差別は過去の遺物になっているとする作者のジーン・ロッデンベリーの信念を反映したものである（Gregory 2000など参照）。乗組員の構成やストーリーが示すように、スタートレックの世界は階級や人種差別、性差別が存在せず、貨幣も廃止され、貧困も格差も存在しない「社会主義者の楽園」（Gregory 2000 : 161）なのである。しかし、こうしたスタートレックの世界観は、『スタートレックⅣ　故郷への長い道』においてやや奇妙な変貌を遂げ、自然保護が前面に出てくる。映画の中では、ザトウクジラの運命が地球の運命と重ね合わされるが、それは、宇宙船の中でザトウクジラを見つめるカークの「皮肉なことだ。人類は鯨を絶滅させた時、自分達の未来を壊したのだ」という発言に凝縮されている。発言の主がカークであるという事実は重要である。スタートレックの中で、カークは他の登場人物と違い、航海日誌を付ける時に神のごとく俯瞰的な視点から視聴者に語りかける特別な存在である。その存在は絶大であり、彼の述べる言葉に間違いはない。極論すれば、視聴者はカークの視点でスタートレックの世界を見ることになる（Grossberg et al. 1998 : 165）。

映画の中で、ザトウクジラは地球の「要石」（keystone）として描かれている。映画監督を務めたスポック役のレナード・ニモイは、映画のストーリーを思いついた時の状況を次のように語る。

『スタートレックⅣ』のストーリーを準備する時、私はこの国の偉大な科学者達と一緒に時間を過ごした。〔中略〕私は彼らに共通の関心事があることに気づいた。それは、地球の環境システムに関係したものだった。〔中略〕私はそれをトランプのカードでできた家のようなものに見立て始めた。〔中略〕しかし、要石となっているカードで家を作った時、カードを一枚抜いても家は立ったままである。〔中略〕しかし、要石となっているカードを抜くと、すべてが崩壊し始める時点がある。私達はいつか、ある種が要石となり、環境システムが崩壊する時点に行き着くことになるかもしれない。〔中略〕鯨が絶滅の危機に瀕しているという考えに行き当たった時、彼らの大きさ、彼らの魅力、そして、知ってはいるが理解はしていない彼らの不思議な歌に行き当たり、私達は『スタートレックⅣ』のストーリーを語るための素晴らしい媒体を見つけたのである。（*Star Trek IV: The Voyage Home*, Director's Series Featurette with Leonard Nimoy）

映画が封切られた一九八六年は、反捕鯨運動が最高潮に達し、モラトリアムが実施された年である。映画は時代のムードを明らかに反映しており、捕鯨は人間の愚かさの象徴、鯨は地球環境の礎石として描かれている。(50) 映画は大成功を収めた。実際、一九八六年のサンフランシスコ市民の「奇妙な」習慣や「粗野な」態度にエンタープライズ号の乗組員が当惑するシーンなどはユーモアたっぷりに描かれていてなかなか楽しめる。次に、映画の重要なシーンを見てみよう。

■シーン

正体不明の巨大な宇宙物体（探査船）が地球に接近する。円柱形で黒光りする形状と、そこから発せられるゆっくりしたピッチ音は鯨を連想させる。探査船は地球に大損害をもたらすが、悪意は感じられない。スポックは「巨大な力と知性を秘めた未知のエネルギー物体だが、自分が発する電波が破壊をもたらしているとは明らかに認識していない」と分析し、探査船が地球に飛来した理由を「この宇宙探査船は、彼ら［ザトウクジラ――著者注］が消息を絶った理由を探るために地球に来たと考えられる」と推論する。こうして、悪者視される代わりに、探査船の悪意のなさが強調される。映画の中で、探査船はまるで「宇宙の意思」あるいは「全知全能の神」のように扱われている。その途方もない力は人間が創造したいかなる人工物をも上回り、気温が急激に低下したり、海上に巨大な滝が出現するなど、地球に壊滅的な打撃を与える。それは、ザトウクジラの絶滅という、人間が犯した許し難い罪を罰するために神がもたらした「審判の日」の光景である。最後には、エンタープライズ号の乗組員によって連れて来られたザトウクジラが、探査船とコンタクトを取ってくれたことで、「神」の怒りは鎮まる。ここでザトウクジラは、人間に対して驚くような寛容と慈悲を示す。種の絶滅にまで自らを追い込んだ人間に対して復讐を求める代わりに、人間を許し、何事もなかったように二十三世紀の海に戻って行く。

③『クジラの島の少女』（*Whale Rider*）（二〇〇三年ニュージーランド作品、ニキ・カーロ監督）

■粗　筋

舞台はファンガラ（Whangara）という名のマオリ族の村。主人公はマオリの族長の孫娘であるパイケア（パイ）である。男子しか一族の長になれない伝統のため、族長のコロはパイのことが大好きだが、彼女が未来の族長になることを許さない。それでもパイは族長になることを夢見て、伝統の歌や棒術などの訓練に励む。コロは村の少年の中から後継者を選ぼうとするが、誰もテストに合格せず、落胆する。大好きなコロを元気づけようとパイが学芸会でスピーチをしたある晩、コロは鯨（セミクジラ）の一群が浜辺に座礁しているのを見つける。一族の伝説の祖先であるパイケアは鯨の背中に乗ってアオテアロア（Aotearoa＝ニュージーランドのマオリ名）に来着したとの神話があるため、鯨の座礁は一族にとって悪い兆しである。鯨を海に押し戻そうと村人が奮闘する中、パイは最も大きな鯨と交信し、その背中に乗る。パイの呼び掛けに応えて、鯨はパイを背中に乗せたまま海に戻り、他の鯨も従う。村人はパイが溺れ死んだと悲しむが、やがてパイが生きていたことが分かり、パイは一族の族長として迎えられる。

## ■ポイントとシーン

『クジラの島の少女』は、愛と拒絶、人間の美しさなどを描いたウィティ・イヒマエラの小説『ザ・ホエール・ライダー』（*The Whale Rider*）が基になっている。ハリウッド式のハッピー・エンディングを除けば筋書はよくできており、映画の基調は繊細かつ叙情的である。互いを思いやりながらも反発するパイとコロの関係は心に響き、古くからの一族の伝統と若い世代の新しい考えの価値観の衝突もよく描かれている。パイ役のケイシャ・キャッスル゠ヒューズの演技も清新である。映画は、二〇〇二年トロント国際映画祭（カナダ）の観客賞や二〇〇三年サンダンス映画祭（アメリカ）の観客賞など数々の国際映画賞に輝き、キャッスル゠ヒューズは二〇〇四年アカデミー賞の主演女優賞にノミネートされた。

映画の中で鯨は、一族にとって神聖で象徴的な価値を持つ超自然の存在として描かれている。マオリの人々は鯨を通して自然や祖先と交信するのである。一族の運命と鯨の運命は重なっており、マオリの人々が困難に陥ると、鯨も浜に座礁する。伝説上の族長で鯨乗り（whale rider）のパイケアの直系の子孫であるパイが病院で生まれた同じ日に、母親と双子の弟が死ぬシーンは、鯨がまるで一族の生死を統べるように海原を泳ぐシーンとオーバーラップする。パイが鯨の背に跨る印象的なシーンは、詩人でありハープの名奏者でもある古代ギリシアのアリオンが、財宝のために彼を殺そうとする船乗りから逃れて、イルカの背に乗って無事に浜に辿り着くシーンを連想させる。こうして私達は、映画『クジラの島の少女』の中に、大自然の象徴として私達のイマジネーションの中に存在する「想像上の鯨」を目撃するのである。

マオリの人々の間で、鯨が特別な動物として認識されているのは事実である。しかし、マオリ族と鯨の関係は、崇拝者と崇拝の対象という関係だけではない。映画の中で、村人が鯨の座礁を悲しむシーンが出てくる。村人は、鯨の身体を濡れたタオルで覆ったり、鯨を海に押し戻そうとするなど、鯨を助ける努力を惜しまない。しかし、これが座礁した鯨に対するマオリ族の典型的な反応であると考えたら誤りである。実際は、ワイタンギ条約漁業委員会（the Treaty of Waitangi Fisheries Commission＝TWFC、マオリ語で Te Ohu Kai Moana）制作のパンフレット「食料としての座礁鯨――鯨とマオリの慣習上の利用」（Beached Whales as Food : Cetaceans and Maori Customary Use）によると、浜辺に打ち上げられた鯨は、マオリ社会では伝統的に「海の神であるタンガロア（Tangaroa）からの贈り物」と見られており、一族の聖職者が執り行なう特別な儀式によってタブーが取り除かれた鯨肉は、貴重な蛋白源として消費される習慣があった。[51] ヨーロッパ人の到着以前に大型哺乳類が存在しなかったニュージーランドにおいて、座礁した鯨の肉をマオリ族が無駄に捨てることはなく、鯨の骨と歯は、櫛やペンダント、武器などに加工された。マオリ族にとって、鯨の骨と歯は身分の高さと豊かさの象徴であったし、現在でもあり続けている。座礁した鯨の利用という古来からのマオリ族の習慣が違法となったのは、一九七八年に海洋哺乳類保護法（Marine Mammals Protection Act）が導入されてからである。[52] この点、原作の『ザ・ホエール・ライダー』は、座礁した鯨の顎をマオリの人々がチェーンソーで切り取るシーンが出てくるなど、人々の実体験や歴史的事実に忠実である。小説と映画で、座礁した鯨に対するマオリ族の対応が異なって描かれているのは、小説がマオリ族の作家によって書かれる一方で、映画がヨーロッパ系のニュージーランド人によって監督されたことと関わりがあると言えば、穿《うが》ち過ぎだろうか。

**④『ジャック＝イヴ・クストー　海の百科　深海の哺乳類／イルカとクジラの秘密の世界』（*The Cousteau Odyssey 'The Warm-Blooded Sea : Mammals of the Deep'*）（一九八四年アメリカ・フランス合作、ジャック・クストー監督）**

**■ポイント**

ジャック・クストーは、おそらく世界で最も尊敬された海洋学者兼ドキュメンタリー制作者だろう。クストーは全生涯を海洋探検に捧げ、海と海洋生物を世界中の人々にとって身近な存在にする上で計り知れない貢献をした。クストーの人類への最初の貢献は、潜水士が水中で長時間の作業に従事することを可能にする水中呼吸装置、アクアラング（aqualung）の開発であり、フランス海軍の任務に就いていた一九四三年に同装置を考案した（DuTemple 2000）。次にクストーが乗り出したのは、世界中の海洋の冒険と、ドキュメンタリーの制作である。クストーは一九五六年にカンヌ国際映画祭に出品した『沈黙の世界』（*The Silent World*）で栄誉あるパルム・ドールを受賞した。クストーの作品で最も有名なのは、一九六八年から一九七六年にかけて制作され、世界中で放映されたテレビ・ドキュメンタリー・シリーズの『クストーの海底世界』（*The Undersea World of Jacques Cousteau*）だろう。日本では、日本テレビ系列で一九七〇年代から八〇年代にかけて、『驚異の世界・ノンフィクションアワー』の中で放送された。『クストーの海底世界』は、鯨やアザラシのような海洋哺乳類、エキゾチックな魚、獰猛なサメ、泳ぎの達人のペンギン、変幻自在のタコ、色鮮やかな珊瑚礁などを映像に収めた。クストーが映像で見せた鯨は、人々がそれまで絵画で親しんできた、ずんぐりして豚のように太った不格好な生き物ではなく、息を飲むように美しい流線型の動物だった。『海の百科 深海の哺乳類／イルカとクジラの秘密の世界』はテレビ・シリーズの終了後に制作された。鯨、イルカ、アザラシ、マナティー、ラッコなどの海洋哺乳類の映像は見事であり、人間は他の生き物を独自の価値を持った存在として尊重すべきであるというクストーの強いメッセージが表われた作品である。

クストーは映画の中で、イルカやシャチが高い知性を持っている可能性を映像で示すが、鯨類に対するクストーの姿勢は、冷徹な目で事実を捉えようとする科学者の視点を感じさせる。たとえば、イルカの一群がマグロ漁の漁網に捕えられてしまったシーンでは、「イルカに人間と同じような知能があるなら、なぜ網を飛び越えて脱出しないのでしょうか」と自問し、「それは、イルカが人間には伺い知ることができない独自の知能を備えているからです」と自答する。映画の中でクストーは、海洋哺乳類を崇拝する映像制作者としての視点と、生物学者としての分析的な視点のバランスを上手に取っている。

■シーン1

スペイン北部の沖合。貝養殖者のルイスがムール貝を海中で採取している。ニーナと名付けられた白いイルカが近づいて来て、ルイスの周りを泳ぎ、興味深そうに作業の様子を観察する。ルイスがニーナに優しく手を伸ばし、鼻面をそっと撫でる。ニーナはルイスの愛撫に対して、優しく温かい眼差しを向ける。その様子はまるで恋に落ちた恋人同士のものである。背景にロマンチックな音楽が流れ、ナレーションは「見返りを求めずに人間を愛するのはイルカだけである」という古代ギリシアの思想家、プルタルコスの言葉を紹介する。

■シーン2

長崎県壱岐島の海はイルカにとって受難の場所である。ブリなどの貴重な魚を食べるイルカに業を煮やした島の漁師が、イルカを浅瀬に追い込み、浜辺に引き揚げ、やすで刺し殺す。浜辺に横たわったイルカの中にはすでに死んだものもいるが、逃げようと必死にもがくものもいる。浜辺はイルカの鮮血で真っ赤に染まり、それはまさに虐殺の光景である。クストーは「漁師にとって、イルカは獲物を盗み取る海のギャングです」とナレーションで語るなど、漁師の行動に一定の理解を示す。しかしクストーは一方で、人間が漁獲量の減少をイルカのせいだと非難することに疑問を差し挟む。クストーは、世界中の人々、特に漁師が漁獲量の減少を嘆き、自分達を無実の立場に置きながら、身代わりとして海洋哺乳類に非難の矛先を向ける心理を「スケープゴート（贖罪の山羊）・コンプレックス」

（scapegoat complex）と指摘する。「いつでも悪いのは神や悪魔や自然。自分は決して悪くないのです」とクストーは語る。人間の行為を厳しく非難するクストーの声の調子は柔らかく、かえってクストーの言葉に説得力を持たせる。

## ⑤『ザ・コーヴ』（*The Cove*）（二〇〇九年アメリカ作品、ルイ・シホヨス監督）

### ■ポイントとシーン

『ザ・コーヴ』は和歌山県太地町のイルカ追い込み漁を批判的に描いたドキュメンタリー映画である。『わんぱくフリッパー』でイルカの調教師を務め、後にイルカを娯楽に利用することの非人道性を悟って保護活動家に転じたリチャード・オバリーが案内役として登場する。断崖絶壁に囲まれた入り江（タイトルの‘cove’は英語で「入り江」を意味する）で漁師がイルカを次々に殺すシーンや、「日本では毎年二万三千頭のイルカが殺されている」、「日本では水銀で汚染されたイルカ肉を学校給食に出したり、鯨肉と偽って販売している」などの指摘は衝撃的である。撮影クルーが太地町の警察官らしき何者かに尾行されるシーンや、立ち入り禁止区域に岩に似せた隠しカメラや水中聴音器を据え付けたり、リモコンの小型飛行船を飛ばして空から入り江を撮影するシーンなどはスパイ映画の展開を思わせ、結構見応えがある。『ザ・コーヴ』は特にアメリカで高い評価を受け、二〇〇九年のサンダンス映画祭で観客賞、二〇一〇年のアカデミー賞で長編ドキュメンタリー賞に輝いた。

一方、オリジナルの英語版の中では、地元民が撮影クルーや活動家をしつこくカメラで追い回したり、怒鳴り声を上げたり、小突いたりする様子がモザイク修整なしで流れた。また、撮影の多くが地元の許可を得ない隠し撮りの形を取ったため、太地町では大きな反発を呼んだ（朝日新聞、二〇一〇年三月九日付）。「人類が知っているすべての鯨類は、日本近海に来ただけで死の危険に直面する」、「漁師はもし私を捕まえて殺すことができるなら、本当にそうするだろう」。これは誇張ではない」など一方的な思い込みに基づくナレーションや科白、日本人の英語の間違いを皮肉るシーンなどは一種の偏見さえも感じさせる。こうしたこともあり、保守系団体から反日的であると抗議の声が上がり、上映を予定していた大学や映画館の中には、トラブルを恐れて上映を見送る動きもあった。こうした中、『ザ・コーヴ』は二〇一〇年七月以降、住民の顔にモザイクを入れたり、事実誤認とされる箇所に説明の字幕を入れるなどして、日本国内の数か所の映画館で上映された。

映画のクライマックスは、三方を断崖絶壁に囲まれた入り江で、『ジャック＝イヴ・クストー 海の百科 深海の哺乳類／イルカとクジラの秘密の世界』の〈シーン2〉を彷彿とさせる殺戮場面である。小型ボートに乗り、ヘルメットをかぶった漁師が入り江に閉じ込められたイルカを槍で突きまくる。鮮血で真っ赤に染まる入り江の中で、断末魔の叫び声を上げるイルカ。海上に頭を出し、クルクルと狂ったように回転するイルカ、激しく尾ビレを海上に叩きつけるイルカもいる。漁師はイルカの尾を摑んでボートに引っ張り揚げる。ボート上と浜辺にはイルカの死体が積み重なっている。逃げたイルカがいないか確認するためなのか、血に染まった入り江を素潜りするダイバーの姿も見える。ナレーターのオバリーは「フィルムを回した私達の目に飛び込んできたのは、一種の集団ホラーだった。彼ら〔漁師――著者注〕は、大型の鯨を毎年殺戮したのとまったく同じことをしている」と語る。

## ⑥『ブルー・プラネット』（*The Blue Planet : A Natural History of the Oceans*）（二〇〇一年イギリス作品、BBCとDiscovery Channel の共同制作）

### ■ポイントとシーン

イギリスの公共放送であるBBCは、大自然や野生動物をテーマとしたテレビ・ドキュメンタリーの制作で国際的に高い評価を受けている。近年では、『鳥の世界』（*The Life of Birds*）（1998）、『哺乳類大自然の物語』（*The Life of Mammals*）（2002）などの作品が世界中に輸出され、多くの視聴者を魅了した。『ブルー・プラネット』シリーズは、深海から浅瀬、巨大なシロナガスクジラから微小なプランクトンまで、世界中の海の自然史を扱った作品である。シリーズのナレーターを務めるのは、大自然や動物のドキュメンタリー制作者として名高いデイヴィッド・アッテンボローである。BBCの編成局長も務めたアッテンボローはプロデューサー、脚本家、プレゼンター、ナレーターなど様々な形で数々の自然物ドキュメンタリーの制作に関わってきた。グリーンピース・イギリスの元代表、ピート・ウィルキンソンはアッテンボローについてこう語る。

アッテンボローのような権威者が制作したドキュメンタリーは、大きな権威（cachet）を持っている。デイヴィッド・アッテンボローは嘘を言わない。アッテンボローが、鯨が絶滅の危機にあると言えば、鯨は絶滅の危機にあるのである。それでおしまい。つまり、五千人の科学者が、絶滅の危機にないと言っても、デイヴィッド・アッテンボローが絶滅の危機にあると言えば、絶滅の危機にあるというわけだ。彼はそれほどの人物なのだ。（著者のインタビュー 2001）

ニック・レイシーは著書『イメージと表象』（*Image and Representation*）の中で、ドキュメンタリーは「ノンフィクション、そしてその延長として真実」と考えられているので、リアリズムの言説において特権的な地位にあると論じる（Lacey 1998 : 201）。この「真実性」は、ドキュメンタリーが事実を描写する際に「解説的（expository）形式」を取った場合、さらに高まることになる。解説的形式の一つに「神の声」（voice-of-God）と呼ばれる、視聴者に直接語りかけるタイプのナレーションがある。それは、映像の解釈方法を提示するという意味で、視聴者の解釈に大きな影響を与える。(53) ウィルキンソンが指摘するように、ナレーションの主がアッテンボローやクストーのようなその分野の権威の場合、ドキュメンタリーの信頼性はさらに高まることになる。(54)

『ブルー・プラネット』の導入部は、巨大なシロナガスクジラが真っ青な大海原を遊泳する印象的なシーンで始まる。アッテンボローのややハスキーがかったナレーションが入り、シロナガスクジラの勇壮さを謳う。

広大な海の中で小さく見えるが、シロナガスクジラは体長三〇メートル、体重二〇〇トンを超え、地球史上最大の動物である。シロナガスクジラは最大の恐竜よりずっと大きく、その舌は象とほぼ同じ重さであり、その心臓は車と同じ大きさである。その血管のいくつかは人間が泳げるほど大きく、その尾だけで小型飛行機の翼と同じ長さである。（BBC 2001）

ナレーションの間、シロナガスクジラはゆっくりと遊泳を続け、空高く潮を吹き、大きな尾ビレを優雅に動かす。カメラが鯨を海上と海中から映す。海中から撮った映像は、鯨を実際より大きく見せ、その壮大さを引き立てる。カメラは次第に鯨から遠ざかり、漆黒の宇宙に地球の青い輪郭が浮かび上がる。「私達の地球は青い惑星であり、七〇％が海で覆われている」とアッテンボローのナレーションが入る。鯨（シロナガスクジラの英語名はblue whale）から青い地球（blue planet）に焦点を切り替えるカメラショットは、鯨が地球のシンボルであるという思いに私達を引き込む。

**⑦『野蛮なビジネス』（*Beastly Business*）（二〇〇一年イギリス作品、Twenty Twenty Television 制作、ＢＢＣで放映）**

**■ポイント**

このテレビ・ドキュメンタリーは、イギリスの番組制作会社、トゥエンティ・トゥエンティ・テレビジョンがBBC向けに制作した作品である。ドキュメンタリーは、食肉生産や狩猟など、様々な形で動物の虐待に関わる人々と動物保護活動家の対決を中心に、動物保護運動の実態を多面的に描いている。第一部「力と宣伝」（*Power and Propaganda*）は、動物権利擁護団体のPETAの活動、アメリカの食肉生産システム、カナダのアザラシ猟、毛皮産業などを扱っている。第二部「政治的動物」（*Political Animals*）では、捕鯨、アメリカの国立公園への狼の再導入、アメリカにおけるペットの犬の親権をめぐる争い、イギリスの狐狩りなどがテーマである。このドキュメンタリーは、扱うテーマが広範囲に及ぶにも関わらず、取材・撮影場所がほとんどヨーロッパと北米に限定されていること、インタビューを受けたり特集されたりする人が全員ヨーロッパ人あるいはヨーロッパ系の白人であるという点に特徴がある。たとえば、反アザラシ猟キャンペーンでは、貴重な現金収入源を失ったイヌイット社会が白人社会以上の経済的打撃を受けた事実があるにも関わらず、一人のイヌイットも登場しない。捕鯨問題の特集でも、日本人は誰も取材対象にならないのである。一方で、シー・シェパードのポール・ワトソンは、捕鯨を妨害するためにフェロー諸島に向かうヒーローとして登場する。

重要なシーンをいくつか見てみよう。

### ■シーン1

最もドラマチックなシーンはフェロー島民による「グリンド」（grind）だろう。すでに見たように、グリンドはゴンドウクジラの追い込み漁であり、島民は捕まえた鯨の肉と脂肪を地元民の間で分かち合う習慣がある（Sanderson 1994：190）。グリンドは、フェロー島民にとって、連帯意識の源泉であると同時に、生活の糧でもあり、文化的にも経済的にも重要な役割を担っている。しかし、流血を伴う「非人道的」な捕殺方法のために、近年、環境保護運動家の抗議の的になっている。ドキュメンタリーの中でも、グリンドに対する賛否の声がたびたび登場する。

グリンドのシーンは次のようなものである。ボートに乗ったフェロー島民が共同で鯨を身動きできない浅瀬に追い込む。島民は、ボートの上から手銛で鯨を突いたり、大きなカギ竿を使って鯨を浜辺に引っ張り揚げたり、生きたまま鯨の首をナイフで掻き切ったりする。島民の多くは、血で赤く染まった海水でずぶ濡れである。鯨から鮮血が吹き出し、白やピンク色の脂肪が傷口から垣間見える。鯨は痙攣《けいれん》したり、逃れようと尾ビレをバタつかせたりする。セーターにジーンズという島民の普段着の格好は、グリンドが馴染みの行事であることを物語っている。女性や子どもの姿も見える。

シーンの合間に、フェロー島民の反論が紹介される。島民の一人は、グリンドは何も特別なものではないとし、「捕鯨と狩猟はいつでも島の生活の一部分だった。その動物が何であれ、何かを殺すのは常に残酷である」と意見を述べる。フェロー諸島の広報担当者は、捕鯨はいかなる状況であれ道徳的に間違っているとするワトソンの主張に反論する。「私達は、彼らがここに来て、違う種類の価値観で動く社会に、自分達の価値観を押し付けることに同意できない。物事をそのように見れば、それは文化帝国主義と呼ばざるを得ない」。

■シーン2

沈黙に包まれた暗い部屋で秘密の会合を持つスーツ姿の男達。背景には不気味な音楽が流れる。画面の字幕が、これはＷＷＦのコマーシャル・ビデオであると予告する。硬い表情の男達の中には、白人男性に交じって、明らかに東アジア人と分かる者もいる。テーブルの上には、数々の国旗と鯨の写真。一番近くの国旗だけが、辛うじて判別できる。白地に日の丸の日本国旗だ。「彼らは国際捕鯨委員会の人々です」とのナレーションが入る。男の一人が無表情のまま万年筆を取り上げ、写真の鯨に突き刺す。鯨のお腹から赤い血が流れ出すところで、ビデオが終わる。

カメラのショットが切り替わる。古い映像と関係者へのインタビュー付きで、ナレーションが捕鯨の歴史について説明を始める。インタビューに登場するのは、グリーンピース・インターナショナルの代表を務めたデイヴィッド・マクタガート、反捕鯨運動で有名な海洋生物学者のシドニー・ホルトなどである。インタビューの最初に登場するＩＷＣ元事務局長のレイ・ギャンベルが「捕鯨の歴史は実際、世界の主要な資源である鯨の乱獲の悲しい物語である」と証言する。続いて、ナレーションが捕鯨と反捕鯨運動の歴史を説明する。ナレーションが強調するのは、①乱獲によって、南極海のシロナガスクジラが絶滅の危機に瀕していること、②グリーンピースとＷＷＦの協力によって、一九八二年にモラトリアムが採択され、一九九四年には南極海にサンクチュアリが設定されたこと、③日本は反捕鯨の取り決めに常に反対し、科学の名目で捕鯨を続けていること――の三点である。

上記の三点はいずれも事実であるが、ドキュメンタリーは説明不足のために誤解を招きやすい。乱獲によってシロナガスクジラが激減したのは事実であるが、何度も指摘した通り、主犯はノルウェーとイギリスである。しかし、ドキュメンタリーはこの事実に触れる代わりに、日本の捕鯨を批判する反捕鯨活動家の声を紹介したり、シロナガスクジラの現況を説明した直後に日本の捕鯨の映像を巧妙に入れ込むなどの形で、視聴者の非難の矛先を日本に向けさせる作りとなっている。

日本の捕鯨の映像をシロナガスクジラの現況説明の直後に置く意図は何だろうか。単なる偶然か意図的なものなのか分からないが、確かなのはドキュメンタリーには日本人へのインタビューが登場しないことと、日本の捕鯨の対象がミンククジラなどの豊富な鯨種が中心であるという事実にまったく触れていないということである。日本人の扱いとフェロー島民の扱いを比較するのは興味深い。フェロー島民に関しては、インタビューで弁明の機会を与え、彼らが捕鯨の対象としているゴンドウクジラが絶滅危惧種でないことを明示している。一方、日本人が登場するのは、ＩＷＣ会議の場で日本の代表団が反捕鯨活動家に赤インクをかけられる場面と、顔の見えない日本人が捕鯨を行なっている記録映像だけである。ドキュメンタリーはまた、反捕鯨国や反捕鯨団体が中立国に対してモラトリアムに賛成投票するよう働きかける方法は「説得」に基づくものだと説明する一方で、日本が自国の捕鯨政策に賛同する国を獲得したのは、経済力的圧力によるものであると述べるなど、バランスを欠いた説明をしている。

日本人の扱いが欧米人の扱いと異なるのはなぜだろう。インタビューをするには、日本がイギリスから遠いからだろうか。しかし、制作チームは遥かアメリカやカナダまで出掛けている。日本がドキュメンタリーの構成上、重要でないと判断したからだろうか。しかし、ドキュメンタリーにおいて、日本は間違いなく捕鯨問題の主要国として扱われている。捕鯨問題において日本人が、アザラシ猟問題ではイヌイットが登場しないのは偶然だろうか。

# 第6章　捕鯨文化と世界観

「牛は殺しても何とも思わないのに、どうして鯨だけダメなの？」

「餌をやって大きくして殺す方がよっぽど罪じゃないか？」

（高橋順一『女たちの捕鯨物語』1988）


ここまで、アメリカ、イギリス、オーストラリアなど西洋諸国で一般的に観察される鯨観・捕鯨観を考察してきた。本章では、捕鯨の長い歴史を持ち、その結果として、欧米人とは違った自然観や動物観を育んできた「他者」を見ていく。他者に通常含まれるのはイヌイットや日本人などの非西洋人だが、本章では、西洋の一員でありながら捕鯨を長く生業としてきたノルウェー人なども「他者」の範疇に入れて、彼らの世界観を見ていく。

## 1　家畜と野生動物

## † 肉食文化と魚食文化

長崎福三（1994）は、『肉食文化と魚食文化』で世界の食文化を家畜生産が主体の肉食文化と海産物に依存する魚食文化の大きく二つに分けて論じた。肉食文化圏の人々は牛、豚、羊、鶏などを育て、消費のために殺処分する。健康ブームのおかげで魚介類の消費が増加傾向にあるものの、主食はあくまで肉である。ヨーロッパ諸国と、ヨーロッパの移民が植民して建設したアメリカ、カナダ、オーストラリア、ニュージーランド、アルゼンチンなどの国々がこの文化圏に入る。対照的に、日本、ノルウェー、アイスランドのような国々やフェロー島民、イヌイットなどは魚食文化圏の代表例である。彼らは伝統的に魚、貝、海洋哺乳類などを常食としてきた。魚食文化圏の人々は鯨を重要な食資源と考える傾向があり、一方で肉食文化圏の人々は鯨肉に対して嫌悪感を持つ傾向が強い。

文化唯物論で有名な人類学者のマーヴィン・ハリスは「狩猟者や採集者は、食糧探索に費やす時間に対して得られるカロリーの割合が最大になる種だけを追い求め、獲得する」（Harris 1985：165）と述べている。最適採食理論（optimal foraging theory）と呼ばれるこの考え方は、物理的環境が動物の行動パターンに強い影響力を及ぼすと考える生態・環境決定論（ecological/environmental determinism）の一派である。生態・環境決定論はもともと動物の採食行動を説明するために考案されたものだが、人間の食習慣の多様性について説明する際にも有益である。この理論がもし正しいとすると、日本人やノルウェー人が鯨肉を食べるのは、平地が少なかったり気候が寒冷であるなどの理由で土地が耕作に不向きであるためであり、その解決策として彼らは海洋に食糧、特に蛋白質を求めた。両国とも国土の多くが海洋に接しているため、海産物に事欠くことはなかった。

一方、アメリカ人やイギリス人は大量の穀物を栽培したり、大型の家畜を放牧させるのに十分な土地に恵まれ、牛肉や豚肉を容易に入手できる環境にあったため、肉食文化を育むことができた。イギリスではフィッシュ・アンド・チップスが国民食であり、アメリカでも沿岸部や河川近くの都市や農漁村では魚食文化を発達させてきたのは事実であるが、両国の国民一人当たりの魚介消費量は、日本やノルウェーには遠く及ばない（長崎 1994）。健康食ブームで魚の消費が伸び、漁業も重要な産業ではあるが、大多数のイギリス人やアメリカ人にとって日々口にするのは肉料理が中心である。

もちろん、気候や地勢などの自然環境が人間の食生活を決める唯一の要因ではない。宗教上の戒律、他の社会からの影響を含む社会・文化的要因も重要である。アメリカで犬や馬が食用にならない理由を考察した文化人類学者のマーシャル・サーリンズは、ある動物を食用にするかどうかは「人間性と逆相関である」（Sahlins 1976 : 175）と論じる。サーリンズによれば、犬や馬が食用とならないのは「彼らが家来の資格で人間社会に参加している」ためであり、アメリカでは犬は「親類」（kinsman）、馬は「召使い」（servant）と見なされている（Sahlins 1976 : 174）。サーリンズの議論は妥当なもののように思われるが、単純化を承知で言えば、人が何を食べるのかは、その人が何をどれだけ持っているか、それを手に入れるのにどれだけ手間がかかるかに関係しているのは間違いない。最適採食理論の観点からは、何を食用とするかに関して道徳的優劣はない。

これまで長い間、肉食文化と魚食文化は大きな摩擦を起こすことなく平和裏に共存してきた

（Nagasaki 1994：50）。平和が壊れたのは、反捕鯨運動の高揚で捕鯨に対して非人道的な行為というレッテルが貼られた一九六〇年代以降である。肉食文化圏の国の一部が魚食文化圏の国に対して、食生活を肉食中心なものに変更するよう圧力をかけ始めた。識者の中にはそれを経済的理由に帰す者もいる。魚食文化圏の国で魚介類や鯨肉の消費が減れば、肉食文化圏の国にとって畜産品を輸出する余地が増えるという理屈である。一例を挙げれば、第二次世界大戦後の日本や韓国に対するアメリカの食糧援助の背景には、食料品の輸出市場を創出しようという意図があったと言われている（Friedmann 1994など）。ラッペ（Lappé 1982：92）の言葉を借りれば、アメリカの政策責任者は食糧援助を「最初は食糧援助、次に商業輸出という形で、ある国の食の嗜好とシステムをアメリカ依存なものに替える第一歩」と位置付けていた。実際、計画は成功した。伝統的に米、野菜、魚が中心だった日本や韓国の食生活に肉とパンが入り込み、今では確固とした地位を築いている。両国はパンと肉を生産するために、大量の小麦や家畜用飼料を輸入するようになり、食肉の輸入も大幅に増加した。近年のアジア諸国における食の劇的な変化を見ると、アメリカやオーストラリアなどで反捕鯨運動が盛んな背景には、魚食文化圏である捕鯨国に対する食糧輸出を増やす狙いが隠されていると考えるのも荒唐無稽な話ではない。

## †欧米人の価値観

最適採食理論の考えでは、食習慣には道徳的な差異がないことが分かった。しかし、食用に育てられた家畜と違い、野生動物の鯨を殺すのは道徳に反するという反論があるかもしれない。これは環境主義者の多くが繰り返す主張なので、野生動物を殺すことと家畜の殺処分を比較して、どちらにより道徳上の問題が多いのかについて考えてみたい。言うまでもなく、動物は殺さない方がよいに決まっている。そのため次の議論では、野生動物か家畜のどちらかを殺さなければならないという二者択一の状況に陥ったという前提で、どちらの殺生がより問題が多いのか、または少ないのかを検討する。

欧米人の多くは、野生動物の殺生は家畜の殺生より罪深いと考えているようである。さらに、家畜の殺処分は人道的に行なわれるのなら許容できると一般的に合意されているようでもある。しかし、野生動物に家畜より大きな価値を置く根拠とは何だろう。WSPAの解放キャンペーン責任者のヴィクター・ワトキンズは言う。

動物が食用のために殺されない世界がよりよいものであると私達は信じている。しかし、現時点ではそれは不可能だと思う。〔中略〕豚や牛は食用に遺伝子操作された動物であり、野生動物とは違う。〔中略〕豚は犬より賢い動物だと思うし、こうした動物が殺されるのを見るのは辛い。しかし、野生動物はより自由な精神を持ち、私達から離れた存在であり、自然のそうした部分を利用するのは間違っていると思う。豚や牛に関して言えばもう遅過ぎる。私達はすでに彼らを利用してしまっているのだ。彼らはもはや野生動物ではない。（著者のインタビュー 2001）

簡単に言えば、野生動物は人間の管理の外にいるのだから、家畜とは異なるという主張である。自身が菜食主義者であるワトキンズの誠実さを疑うつもりはない。また、ワトキンズは動物虐待がない世界が理想であるとはっきり述べている。

## †野生動物の殺生は家畜の殺生よりも罪深いか

しかし、家畜は人間の介入がなければ存在しない人工的な創造物なのだから、その殺生は許容できるという主張は道理に適ったものだろうか。この主張は、現代のテクノロジーの手助けがなければ生まれなかった試験管ベイビーは、通常の方法で生まれた赤ちゃんほどの人権を持たないとか、遺伝子操作で生まれたクローン人間を普通の人間より下等な存在として扱っても構わないと主張するのと同じである。私達の多くは、こうした主張は馬鹿げているとか、非人道的であるとして斥けるだろう。どのような方法であれ、いったん生まれた生命は尊厳を持って扱われるべきである。感覚を有する動物、すなわち痛みや喜びを感じる能力のある動物の場合はなおさらである。人間と動物で違った基準を適用すれば、ダブル・スタンダードの過ちを犯してしまう。次のシンガー（1975：167）の指摘は的を射ている。

遠くの問題について立場を明確にするのは易しい。しかし、種差別主義者（speciesist）は、人種差別主義者と同様、問題が身近に迫った時に本性を現わす。スペインの闘牛やカナダの赤ちゃんアザラシ猟に抗議する一方で、一生を狭い檻の中で閉じ込められて過ごす鶏や、母牛と引き離された上、適切な食事と脚を伸ばして横になる自由を奪われた子牛の肉を食べ続けるのは、南アフリカのアパルトヘイト［人種隔離政策――著者注］を非難する一方で、隣人に対して黒人に家を売らないよう頼むのと同じである。

総論賛成、各論反対のこの態度は、捕鯨に反対する人々や国々によく見られる現象である。先進国の豊かな社会に暮らす人々は、スーパーマーケットに行けば綺麗に包装された食べ物を手軽に入手できる環境で生活しているため、焼き肉用のロースを豚と考えたり、ステーキを牛と考えたりすることが少ない。電子レンジで温めれば簡単に食事ができることに慣れた都会人は、自然を理想化し、野生動物の狩猟で生計を立てる人々を非難しがちである。彼らは野生動物を殺すことに過剰反応する一方で、家畜を食用に利用することには目をつぶる。夕食のテーブルの肉がどこから来たのかについて考えもしないし、たとえ考えても、それを口にすることはタブーである。

豊かな社会に暮らす都市生活者の対極に位置するのが、厳しい自然の中で暮らす狩猟民である。狩猟民にとって、肉がプラスチック容器に入れられて出てくることはない。食べ物を手に入れるためには外に出掛け、獲物を探し、殺さなければならない狩猟民にとって、狩りに伴う流血は見慣れた光景であり、野生動物を殺すことは生活の一部である。自身グリーンランドの先住民であり、極地に暮らすイヌイットの生活を研究するリンジ（Lynge 1993：2）は雄弁に語る。「苦しむことは生きることの代償である。生き物は死を糧に生きる。都市生活者は人生のこの真実を忘れたのだろうか」。

不必要な痛みを動物に加えることが非道徳的である点に疑問の余地はない。しかし、野生動物を殺すこと、たとえば捕鯨が、家畜の殺処分より罪深いと自信を持って言うことができるだろうか。この問題を倫理、功利主義、エコロジーの三つの観点から順に検討してみよう。ここでは倫理という言葉を、私達人間がどのように罪の意識を和らげることができるかという観点ではなく、動物がどう感じ、考えるかという観点から論じたい。当然のことながら、動物がどのように考え、感じるのかを知るのは不可能なので、次の議論は、人間が動物と同じ立場に置かれた場合どう感じるのかという想像に基づくものである。

## †倫理の観点からの比較

ノルウェーと日本が主な捕鯨対象にしているミンククジラの置かれた状況を、工場式の施設で飼育されている豚の状況と比べてみよう。工場式の施設というのは、家畜を狭い檻などの人工物の中に閉じ込め、その生育状況を集中的に管理する施設という意味である。世界に百万頭のミンククジラがいて、ノルウェーと日本の捕獲頭数が合わせて千頭と仮定すると、ミンククジラが実際に捕殺される確率は毎年〇・一％である。全体の〇・一％に当たるこの不運なミンククジラは捕鯨船に追われ、生きたまま銛を打ち込まれる。激烈な痛みによる苦しみは想像を絶するものだろう。しかし、痛みは一般的に長くは続かない。ＷＳＰＡ（2004：39）の報告書によると、二〇〇二年にノルウェーによって捕獲されたミンククジラの平均致死時間は一四一秒であり、全ミンククジラのうち八〇・七％が即死した。二〇〇二－〇三年の日本のミンククジラ漁では、即死率は四〇・二％だった。石川（2011：149）によると、二〇〇九－一〇年の日本の南極海におけるミンククジラ漁の即死率は五六・七％であり、平均到死時間は百五秒まで改善した。日本の捕鯨者もノルウェーの捕鯨者も幼獣を捕らないので、捕鯨の対象となっても成獣になるまでの少なくても数年間は自由な生活を送ることができる。残りの圧倒的大多数（全体の九九・九％）は何の束縛もなく野生のまま自由に暮らすことができる。

一方の豚には決してこのような自由は与えられない。家畜が農家の庭を走り回ることを許された長閑《のどか》な時代は過去のものである。先進国で飼育されている豚は効率性が何よりも優先される工場式の施設で完全管理の下に育てられる。豚は歩き回るスペースがほとんどない鉄の檻に閉じ込められ、互いを傷付け合わないように牙を抜かれ、成長を早めるために抗生物質と成長ホルモンを注射される。そして、一年も経たないうちに処理場に送られて処分される。豚は肉を得るというたった一つの目的のためだけに育てられ、逃げ場はない。ブロイラー鶏の状況はさらに悲惨である。鶏は一日中餌を食べるようにと、昼夜関係なく蛍光灯が灯された養鶏場に押し込められる。互いに突き合いをしないように嘴《くちばし》の先端は切断され、二か月以内に処分される。

家畜（最新の工場設備で生産されるという意味で工業製品と呼んだ方がよいかもしれない）であることのメリットを挙げてみよう。①捕食者に襲われる危険がない、②飢える心配がない、③処分施設に不備がない限り最後は即死を迎えることができる――の三点である。デンマークの哲学者、ペーター・サンドー（Sandøe 1994）が述べるように、鯨が被る短時間だが激しい痛みと、家畜が受ける長期間の不快さを比較することは容易なことではないが、どちらの死を望むかと問われれば、多くの人が家畜の豚や鶏よりも鯨であることを望むのではないだろうか。

## †功利主義の観点からの比較

功利主義の観点から言っても同じ結論が得られる。二〇〇一年七月、IWCの年次総会の開会に合わせて、世界最大の動物権擁護団体のPETAが前例のない「鯨を食べよう」キャンペーンに乗り出した。PETAは「鯨を食べよう」と書かれたパンフレットを作成し、サイト「www.eatthewhales.com」を立ち上げた。キャンペーンの責任者であるブルース・フレデリックは「私達は鯨を救うことに賛成である。しかし、菜食主義を実践しない者は、日本やノルウェーの捕鯨者よりも苦しみや死に対してずっと大きな責任がある」と述べる（PETA 2001a）。その心は「肉を食べるイギリス人の唯一の蛋白源が鯨なら、鯨料理によって十億頭以上の動物の命を助けることができる」（同）からである。この指摘は、大型鯨種の中で最も小さなミンククジラ一頭からだけでも、牛数十頭分もの肉が得られることを考慮すれば、驚くべきものではない。ミンククジラ一頭だけで、豚何百頭分、鶏何千頭分、魚何万匹分に相当する。実際、商業目的で殺される動物の数は天文学的な数に上る。ある計算によれば、アメリカだけで一九九三年に九千三百万頭の豚、三千三百三十万頭の牛、五百二十万匹の羊、七十億羽の鶏が殺されたと言う（Stallwood 1996: 194）。加えて、実験のために、同年少なくても二千万匹の動物が研究施設で殺された（同）。

残念なことに「最小少数の最小不幸」を目指したＰＥＴＡの功利主義的主張は裏目に出た。人々が無意識に持っている総論賛成・各論反対の態度に挑戦したために、反捕鯨国において非難の対象となったのである(55)。しかし、「肉食の習慣を捨てることができない肉中毒者は、鯨食に対する文化的嫌悪を捨てれば、不幸を少なくすることができる」（同）というフレデリックの主張は荒唐無稽なものではない。功利主義の立場に立った上で「感覚を有する動物はすべて、同様の配慮に値する」という動物権の考えを受け入れれば、ＰＥＴＡの主張に賛成せざるを得ないのである。

### †エコロジーの観点からの比較

エコロジーの観点から見ても、家畜の殺処分が劣勢なのは明らかである。再び捕鯨と工場式設備における豚の飼育を比較してみよう。動物は成長するために何らかの方法で栄養を摂らなければならない。人間が食用としない昆虫や植物を放し飼いの豚が食べている限り、豚は自動的に蛋白質を生産してくれるので、人間にとってプラスである。しかし、豚を檻に閉じ込めた瞬間、様相は一変する。人間が食用にできるトウモロコシや麦を餌として豚に与えなければならなくなるのである（Singer 1975: 169–70）。ラッペ（Lappé 1982：69）の研究によると、一ポンド（約四五四グラム）の豚肉を生産するのに必要な餌（穀物や大豆など）の総量は六ポンドに上る。牛の場合、一ポンドの牛肉を得るのに一六ポンドの餌が必要である。この点、鶏の効率性はきわめて高く、三ポンドの餌で一ポンドの肉が取れる優等生である。

長崎（1993：11）によれば、発展途上国の人が一人当たり年間二〇〇キログラムの穀物を消費するのに対して、先進国のそれは五〇〇キログラムであり、アメリカの場合には一トンに上るそうである。これは、先進国ほど一人当たりの肉の消費量が大きくなり、そのために大量の穀物を餌として家畜に与えるからである。また土地利用について言えば、アメリカでは農地の約九〇％、国土の約半分に相当する土地が食肉、酪農、卵の生産に使用されている（Schleifer 1985：68）。さらに、畜産は土壌侵食の原因の九〇％、水利用の八〇％、森林破壊の原因の七〇％を占める（同）。世界的に見ても、穀物の三八％と大量の大豆が家畜の餌として消費されている（Singer 1993：287）。

こうした数字をどのように解釈すればよいのだろうか。まず第一に言えるのは、食肉生産のための畜産が極めて非効率なことである。ラッペ（Lappé 1982：67）の言葉を借りれば、「逆プロテイン工場」（a protein factory in reverse）ということになる。ミルク生産のために牛を飼育し、鶏卵生産のために鶏を飼えば、蛋白質生産の効率を大幅に改善できる。しかし、それでも蛋白質を得る手段としては効率的なものではない。億単位の人々が飢餓状態に生きる世界で、動物性蛋白質の摂取、特に家畜の消費は贅沢以外の何物でもない。飢餓と貧困は、食肉生産の非効率性よりも世界経済における富の配分の不平等性に問題があるが、動物性蛋白質の摂取を減らし、餌として動物に与えている穀物を飢餓状態にある人に割り当てれば、理論的に言って、多くの人々を助けることができる。

畜産を減らせば、二重の意味で多くの家畜と野生動物の命も助けることができる。第一に、人間による肉の消費が減れば、過酷な工場式の設備で集中的に育てられた挙げ句、処分される家畜の数を減らすことができる。第二に、畜産を減らせば、野生動物の生息地を増やすことができる。よく知られているように、野生動物にとって最大の脅威は狩猟ではなく、生息地の破壊である。畜産の規模が減少すれば、それに応じて家畜に与える穀物も少なくて済むので、農地に対する需要は減少する。耕作のために森林やジャングルを開墾する必要性も減り、場合によっては、農地を野生動物の生息地に戻すことができるかもしれない。このように、畜産の減少で得られる便益は途方もなく大きい。

畜産に比べれば、捕鯨はずっと環境に優しい活動である。鯨は自分で餌を探す野生動物であり、穀物を栽培して、それを餌として与える必要はない。剰余物である自然の恵みを糧とする限り、すなわち人間が持続可能な仕方で鯨を捕獲する限り、自然のバランスは維持される。一方、モラトリアムを長く続けながら魚など他の水産資源を取り続けると、海洋生態系はバランスを失う。数が豊富なある特定の種を保護し、他の種の収奪を続けると、保護された種が生態系に悪影響を及ぼすまで増加し、デリケートな自然のバランスを崩すことは、エコロジーの常識である。IWC元アメリカ代表のリチャード・フランクが世界の人口をどのように養っていくのかを論じる中で、食の優先順位を「穀物が第一、魚や海洋哺乳類が第二、陸上動物が最後」(Frank 1992)と述べたのは正しい。さらに捕鯨は、エネルギー消費や温室効果ガスの排出の点で、畜産より遥かに環境への負荷が少ない。たとえばフリーマン(Freeman 1994 : 150)によると、化石燃料から得られるエネルギーの投入量と蛋白質となるエネルギーの生産量の割合を比べると、日本の小型沿岸捕鯨が二対一なのに対し、家畜として生産される

鶏、豚、牛の割合はそれぞれ二二対一、三五対一、七八対一である。(56)

## †畜産の利点

畜産が野生動物の捕獲、すなわち狩猟に比べて利点があるとすれば、種の存続を脅かす恐れがないことである。これに対して、狩猟は常に乱獲の危険を伴い、慎重に管理されないと種の絶滅をもたらす恐れがある。この点では疑いなく、畜産に軍配が上がる。とは言うものの、何度も指摘したように、鯨(肉)の需要が限られ、厳格な鯨資源管理システムが完成していることを考慮すれば、現在行なわれている捕鯨が二十世紀前半に見られたような乱獲に結びつく可能性は極めて低い。処分方法が比較的「人道的」であることも畜産の利点である。処分場が適切に運営されている限りは、殺処分は瞬時に実施されるはずである。

一方で、「人道的」な殺処分に至る過程で、家畜は狭い空間に閉じ込められ、不自由な監禁生活に長期間耐えなければならないことはすでに指摘した通りである。加えて、処分場に送られた家畜は自分の順番を待つ間、死の恐怖に曝されることになる。処分場から漏れてくる血の匂いや仲間の断末魔の叫びは、動物にとっても心地よいものではないだろう。人道的殺処分という考えは、私達人間にとって良心の呵責《かしゃく》を和らげる効果があるかもしれないが、人間の食欲を満足させるために動物が殺されるという事実に変わりはない。

## 2　反捕鯨は国際世論か

### †「国際世論」を盾にした反捕鯨論

本書ではこれまで、鯨保護論者が様々な理屈や根拠を持ち出して、鯨を特別扱いする様を見てきた。しかし、これまでの議論で抜け落ちている点がある。捕鯨は国際世論に反するという主張である。一例を挙げよう。一九九六年五月八日、イギリス漁業大臣のトニー・ボルドリーは国会で次のように発言した。「イギリス国民の大多数と議会が商業捕鯨に反対している。〔中略〕このため、イギリスは現在の商業捕鯨モラトリアムを終わらせる動きにはすべて反対する」（HNA, *The International Harpoon*, 23 July 2001から引用）。イギリス議会にとって、反捕鯨は国際世論でもある。これは、二〇〇一年のIWC年次総会におけるイギリス代表の公式声明である。「委員会〔IWC――著者注〕と国際世論に反して……、そしてモラトリアムにも関わらず、捕鯨活動を続けている国があることを、われわれは深く憂慮するところである」。

NGOの活動家も「国際世論」という言葉を頻繁に使用する。二つ例を挙げよう。一つはグリーンピースが刊行した『ホエール・キラーズ』（*Whale Killers*）（1992：16）の次の一節である。「〔モラトリアムを終わらせようという――著者注〕圧力をかけるのは、日本、ノルウェー、アイスランドの三か国だけであり、国際世論とますます対立するようになっている」。次はフランスを代表する女優から動物愛護団体の活動家に転身したブリジッド・バルドーが出した声明である。バルドーは日本の捕鯨に抗議して、日本製品の世界規模でのボイコットを呼びかける中で、反捕鯨は国際世論であると訴えている。「捕鯨を続ける日本の決意は世界中の人々にとって、地球の自然遺産に対する脅威、挑戦と見なされています」(Agence France-Presse International, 9 March 1995)。

## †国際会議における投票結果からの分析

反捕鯨は本当に国際的な運動なのだろうか。世界の何か国、何億人が捕鯨の中止を求めているのだろうか。こうした問いに答えるのに最も簡単な方法は、捕鯨問題を議題にした国際会議の投票結果を吟味してみることである。現在、捕鯨問題を討議する法的権限のある国際会議は二つある。一つはIWCであり、もう一つはワシントン条約の締約国会議である。IWCに関する限り、過去の投票事例から、少なくても過半数の加盟国が捕鯨に反対していることは明らかである。しかし、野生動植物とその派生製品の国際取引の規制取り決めであるワシントン条約に関して言えば、事情は異なる。第3章で見たように、北大西洋のミンククジラを取引可能な種に移そうとしたノルウェーの提案は一九九七年と二〇〇〇年に過半数の票を獲得した。南極海のミンククジラを取引可能種にしようとした日本の提案は過半数には届かなかったが、一九九七年、二〇〇〇年、二〇〇二年の投票では四十か国以上が取引の再開に賛意を示した。ワシントン条約の加盟国数(二〇〇八年三月現在で百七十二か国)がIWCのそれ(二〇一〇年一月現在で八十八か国)の約二倍であり、そのため国際世論をより反映しやすいことを考慮すれば、反捕鯨が国際社会のコンセンサスであるとの主張には無理がある。

捕鯨の賛否を人口で比べた場合、鯨保護論者の主張はさらに怪しいものになる。ヨーロッパ、南北アメリカ、オセアニアに暮らす人々の多数が捕鯨に反対であることは明らかだが、欧米の世論と国際世論を同一視するのは間違いだろう。世界最大の人口大国である中国は捕鯨問題に対して中立的な立場であるし、ケニアと南アフリカを除くアフリカ諸国の多くが捕鯨を容認している。アメリカとヨーロッパが国際政治で強い影響力を持ち、世界のメディアを支配しているために、欧米社会の意見が通りやすいというのが現状であるが、もちろん欧米と世界は同じではない。

## †世論調査からの分析

著者が知る限り、捕鯨問題を国際世論がどのように捉えているのかに関する包括的な調査や研究は存在しない。しかし、複数の国を対象とした小規模な調査の実例はある。一九九二年にギャロップ・カナダが実施した世論調査を見てみよう。調査はオーストラリア、イギリス、ドイツ、日本、ノルウェー、アメリカの六か国で実施され、それぞれの国で大人五百人（アメリカの場合は千人）が鯨の管理と捕鯨問題について回答した。質問は、①捕鯨の是非、②鯨と捕鯨問題に関する知識、③様々な肉に対する態度——の三種類に分類できる。次の表は、フリーマンとケラート（Freeman and Kellert 1994）の調査を参考に著者が作成したものである。

**表4　どのような場合でも捕鯨に反対しますか（%）**

| | オーストラリア | イギリス | ドイツ | 日本 | ノルウェー | アメリカ |
|---|---|---|---|---|---|---|
| はい | 60.0 | 43.1 | 54.3 | 23.5 | 21.1 | 48.4 |
| どちらでもない | 11.0 | 19.3 | 18.1 | 18.4 | 15.7 | 17.1 |
| いいえ | 29.0 | 37.1 | 26.5 | 56.6 | 61.0 | 34.4 |
| 分からない | 0 | 0.4 | 1.2 | 1.6 | 2.2 | 0.2 |

（出所） Freeman and Kellert（1994）を参考に著者が作成。

まず最初に**表4**を見てほしい。質問は、捕鯨の対象鯨種、その鯨種の生息数、捕鯨者の文化的・経済的ニーズなどを考慮せずに、捕鯨に反対するかどうかをストレートに回答者に尋ねたものである。反捕鯨国（オーストラリア、イギリス、ドイツ、アメリカ）と捕鯨国（日本とノルウェー）の立場の相違は明確であるが、捕鯨に反対する割合を詳しく見ると、同じ反捕鯨国でも相当な違いがあることが分かる。オーストラリアでは捕鯨反対と捕鯨賛成の割合が約二対一であるのに対して、アメリカでは捕鯨反対が比較的少ないことが見てとれる。イギリスでは捕鯨反対派と賛成派が拮抗しており、約三七％が条件次第で捕鯨を受け入れる用意があると回答している。

回答者が捕鯨に反対する理由はこの調査からは分からないが、**表5**を見ると、大型鯨種がすべて絶滅の危機にあると信じている人が多く、これが捕鯨反対の理由であることが推測できる。実際、反捕鯨国の回答者の多くが、「大型鯨種はすべて絶滅の危機にある」と事実誤認していることは驚くべきことである。誤認の割合は「近代に入って絶滅した鯨種がある」に対する回答ではさらに高く、イギリスとドイツに限って言えば、正答者の割合は一〇％に満たない。これは欧米人の多くが捕鯨問題

## 表5　事実関係が間違っていると正しく指摘した回答者の割合(%)

| | オーストラリア | イギリス | ドイツ | 日本 | ノルウェー | アメリカ |
|---|---|---|---|---|---|---|
| 大型鯨種はすべて絶滅の危機にある | 24 | 20 | 18 | 38 | 41 | 31 |
| 近代に入って絶滅した鯨種がある | 15 | 7 | 6 | 22 | 22 | 11 |

（出所）Freeman and Kellert（1994）を参考に著者が作成。

について無知であるか、事実誤認していることを示している。

鯨の具体的な生息数について尋ねたのが**表6**である。オーストラリアとアメリカでは、回答者の半数以上がミンククジラの生息数を一万頭以下と答えている。両国の一般市民が「絶滅危惧種の鯨を捕っている」と日本とノルウェーを非難する理由がよく分かる。他の国では「分からない」が半数近くを占め、他の回答を大きく上回っている。日本とノルウェーの回答者は比較的健闘しているが、それでも正答率はあまり高くない。

**表7**は「人間の食用として以下の動物の肉を利用することについてどう考えるか」を尋ねたものである。どの肉を好んで食べるのかは国によって大きく異なることが分かる。たとえば、オーストラリアではカンガルーの肉を食用として受け入れる人の割合は極めて高く、他の国の回答者の二倍から四倍に上る。理由は明らかであり、オーストラリアではカンガルーは農家にとって厄介者であり、害獣駆除の対象となっているからである。オーストラリアでは毎年、数百万頭のカンガルーが射殺されているが、その肉を最大限に有効利用する方法は人間の食用に供することである。対照的に、他の国々ではカンガルーは動物園でしかお目にかかることができないエキゾチックな動物である。馬について言えば、サ

## 表6　ミンククジラの生息数に関する回答の割合（%）

| | オーストラリア | イギリス | ドイツ | 日本 | ノルウェー | アメリカ |
|---|---|---|---|---|---|---|
| 1,000以下 | 24 | 13 | 10 | 10 | 6 | 32 |
| 1,000–9,999 | 30 | 10 | 19 | 14 | 9 | 29 |
| 10,000–99,999 | 16 | 9 | 14 | 19 | 19 | 14 |
| 100,000–999,999 | 3 | 4 | 6 | 12 | 13 | 4 |
| 1,000,000以上 | 1以下 | 1 | 1以下 | 5 | 5 | 1 |
| 分からない | 25 | 64 | 50 | 39 | 48 | 21 |

（＊調査では800,000が正答と設定されている）

（出所） Freeman and Kellert（1994）を参考に著者が作成。

## 表7　以下の動物の肉を食用にしてもよいと答えた回答者の割合（%）

| | オーストラリア | イギリス | ドイツ | 日本 | ノルウェー | アメリカ |
|---|---|---|---|---|---|---|
| 鶏 | 76.2 | 66.1 | 60.4 | 71.5 | 79.3 | 84.1 |
| 鹿 | 27.5 | 17.6 | 40.2 | 17.2 | 51.5 | 38.2 |
| 馬 | 13.4 | 4.4 | 23.1 | 26.3 | 27.1 | 10.0 |
| カンガルー | 28.2 | 6.8 | 15.9 | 13.2 | 12.9 | 7.5 |
| 子羊 | 66.6 | 61.3 | 45.3 | 40.1 | 80.6 | 45.2 |
| ロブスター | 63.9 | 49.9 | 30.4 | 57.1 | 68.6 | 67.5 |
| アザラシ | 5.2 | 2.9 | 6.3 | 14.4 | 31.7 | 6.3 |
| 鯨 | 2.0 | 2.3 | 8.5 | 32.5 | 37.4 | 6.7 |
| 野鳥 | 24.1 | 30.6 | 10.7 | 31.1 | 34.1 | 38.5 |

（出所） Freeman and Kellert（1994）を参考に著者が作成。

ーリンズが指摘した通り、イギリス人とアメリカ人の馬肉忌避は徹底している。彼らにとって馬肉を食べるのはタブーである。ドイツ人がロブスターと野鳥を忌避する理由は定かではない。ただ単に食べ慣れていないだけなのか、それとも文化的あるいは環境上の何らかの理由があるのだろうか。

日本とノルウェーで鯨肉を食用にしてもよいと答えた回答者が多かったのは予想通りである。理解しにくいのは、アザラシの肉に対して日本人が持つ嫌悪感である。アザラシが鯨と同じ海洋哺乳類であることを考えれば、日本人の回答は矛盾したものである。アザラシの外見が、ペットとして人気のある犬などと似ているために、日本人はアザラシを食用として見ないのかもしれない。一方、鯨は縁遠い存在である上、日本では歴史的に哺乳類ではなく魚の一種とみなされてきたために、食用にすることに良心の呵責をほとんど感じなくて済むというわけである（Ellis 1992：494）。この点で、鯨とアザラシに対して同じ態度を示すノルウェー人は首尾一貫していると言えよう。**表7**によれば、ノルウェー人は肉の好き嫌いが最も少ない国民でもある。

六か国の回答を総合すれば、食用と見られない肉の第一はアザラシで、カンガルー、鯨、馬が続く。オーストラリア人とイギリス人の鯨肉に対する拒否感は強烈であり、食用として受け入れることができると答えたのは約二％に過ぎない。

## 3　動物の分類と捕鯨文化

動物の分類は、クロード・レヴィ＝ストロースやメアリー・ダグラスなど多くの人類学者が取り組んできたテーマである。人類学者は、ある社会で動物がどのように見られているのかを分析すれば、その社会に生きる人々の世界観、すなわち人々がどのように世界を認識し、自分達の周りの自然や社会を概念化しているのかを知る手掛かりになると考えてきた。ジョン・バーガーがいみじくも述べたように、「食べ物が身体に対するとの同じ規範・事例（examples）を、動物は精神に与えてくれる」（Willis 1974：9から引用）のである。食べ物は単なる栄養物ではない。食べ物は文化の象徴であり、私達のアイデンティティと生活様式を構成する最も重要な要素の一つである。古くからの諺が言うように、「食べ物はその人を作る」（You are what you eat）のである。

### † イギリス社会における鯨の位置付け

イギリスの人類学者、エドマンド・リーチは、ある動物が食用に適するかどうかは、文化的偏見のために次の三つに分類できると論じた（Leach 1964：31–3）。すなわち、①食べ物と認識され、通常の食事の一部として消費される物、②食用にできると認識されているが、食べることが禁止されていたり、儀式など特別の条件下でだけ食べられる物、③文化や言語の上で食べ物と認識されず、無意識のうちにタブー視されている物。リーチによれば、イギリスでは牛と豚が①に、チョウザメと白鳥が②に（これを食べるのは王室だけである）、そして犬と馬が③に分類される。犬は実際には食用に適した動物だが、欧米では「人間の友達」と認識されている。犬ほど明確に意識されていないが、馬についても同じことが言える。それでは、イギリスにおける食の分類で、鯨はどこに収まるのだろうか。最も可能性が高いのは、食べ物と認識されず、無意識のうちにタブー視される③だろう。イギリス人は犬や馬と同じように、鯨を特別な存在と見ているようである。彼らは犬や馬、鯨に話しかけ、人間の名前を付け、親交を深める。「自分達の仲間」である動物を殺し、食用に供することは人食いに等しい蛮行であり、激しい嫌悪感を呼び起こす。

しかし、イギリス人の鯨好きが、犬好き、馬好きと違って極めて近年の現象である点に留意したい。実際、イギリスの古い世代の中には鯨肉を食べた経験がある人が多い。イギリスでは一九四七年、第二次世界大戦直後の食糧不足に対処するため、食糧省によって国策として鯨肉が食用として国民に供出された。鯨肉はステーキやベーコンとして出され、「それなりの成功」(Williams 1988 : 153) を収めたと言う。しかし経済が回復するにつれて、鯨肉は次第に牛肉や豚肉に席を譲り、イギリスの食生活に根付くことはなかった。著書『イギリスの捕鯨貿易』(*The British Whaling Trade*) の中で、ジャクソン (Jackson 1978 : 247) はイギリスで鯨肉が不人気だった理由は主に「味覚に対する国民の保守性」にあり、初期の頃に出された鯨肉が見かけや質の点で問題があったことも影響したと述べている。

## †日本社会における鯨の位置付け

これに対して、仏教の影響が強い日本では、生き物の価値に優劣がないという考え方が優勢であり、鯨が牛や豚より生き物として価値があると考える人は極めて少ない。日本人の世界観では、野生動物か家畜かはあまり重要視されないため、捕鯨問題でなぜ欧米人が大騒ぎするのか理解に苦しむところである（Kalland and Moeran 1992：193）。日本人の中には、本章の巻頭辞で見たように、鯨のような野生動物を殺すより家畜を殺す方がずっと罪深いと考える人がいる。それは、自分で餌を与えて育てた家畜に愛着を持つのは当然と考えるからである。経済的価値の点では、鯨は歴史的に日本では重要な食料資源であり、特に日本列島の沿岸に点在する捕鯨コミュニティでは、鯨肉は日常食の一部だった。歴史的に見ても、四つ足の動物を食べることは仏教を篤く信仰する天皇によって禁止されたが、鯨は魚の一種とみなされ、禁忌の対象にはならなかった（Ellis 1992：494）。鯨肉が特に重要だったのは第二次世界大戦直後の食糧難の時代であり、鯨肉は一九四七年には日本人が摂取する蛋白質の四七％を占め、その割合は一九六四年でも二三％と極めて高かった（フリーマン 1989：16）。食糧難を経験した古い世代の日本人にとっては、鯨肉は単なる食べ物ではなく、生命の源そのものだったのである。しかし時代に進むにつれて、乱獲によって鯨肉の供給が減った上に、豚肉や牛肉が手頃な値段で購入できるようになったため、食生活における鯨肉の重要性は大きく低下した。一九八六年に商業捕鯨のモラトリアムが実施されて以来、鯨肉は贅沢品となり、一部の捕鯨コミュニティを除けば、現代日本の食生活において一般家庭の食卓に上ることは稀である。

### †日本の捕鯨コミュニティ

捕鯨コミュニティは日本列島の太平洋沿岸に点在しており、そこでは伝統的に小型沿岸捕鯨が行なわれ、いわゆる「捕鯨文化」が育まれてきた[57]。太地や鮎川などの捕鯨コミュニティでは、捕鯨は地域の主要な収入源になってきただけではなく、地域の接着剤、住民のアイデンティティの中核、地元の誇りの拠り所、伝統を支える柱の役割も担ってきた。鯨肉はコミュニティにおいて、密接な社会関係を維持する手段としても役立っている。たとえば、日本、アメリカ、ノルウェー、イギリス、カナダ、オーストラリアの六か国、十二人の人類学者が行なった日本の捕鯨コミュニティに関する現地調査において、フリーマン（1989）は鯨肉がその地域を結び付ける「要石」として機能していることを明らかにした。鯨肉は捕鯨者から地元民や地域団体に贈答品として配られ、地元民はその鯨肉を親戚や隣人、友人に再配布する。一方で捕鯨者は見返りに野菜や酒などを地元民からもらうことで、コミュニティ全体が贈り物の交換の輪を形成し、地域の連帯感醸成に不可欠の役割を果たす。これはまさに、フランスの人類学者のマルセル・モースが著書『贈与論』（*The Gift*）で主張したものである（Mauss 1954）。モースは、贈り物には贈答者の人格が詰まっており、贈り物の交換によって、個人や集団間の関係が形成され、社会の連帯意識が強化されると論じた。しかし、モラトリアムが実施されて状況は一変した。コミュニティは主な収入源を失っただけでなく、鯨肉の交換に基づく地域のネットワークが崩れた。捕鯨中止の影響で地元民同士の親密な関係が敵対的ものに代わってしまったコミュニティも報告されている（Kalland and Moeran 1992）。

日本の捕鯨コミュニティでもう一つ見落としてはならないのは、捕鯨の宗教的側面である。たとえば、太地や鮎川には鯨の魂を供養するために特別に建てられた墓や記念碑がある。十七世紀にまで遡る物もあり、今でも毎年、鯨供養が行なわれている（フリーマン 1989）。こうした捕鯨コミュニティでは、鯨に対する尊敬の気持ちと捕鯨は一体である。人々は生活の手段として鯨を殺すが、獲物に対する尊敬や畏怖の気持ちを持ち続けるのである。こうした人間と自然が矛盾なく交流する関係は、北方の狩猟文化の報告に見られる通りである（Brody 1987；Lynge 1993；Wenzel 1991 などを参照）。フリーマン（1989）は報告書の中で実際、日本の小型沿岸捕鯨は商業捕鯨的な要素を持つ一方で、長い伝統があり、コミュニティに根を下ろし、地域において社会・文化・経済的な重要性を持つ点で、「原住民生存捕鯨」的な要素も併せ持っていると結論付けている。ある活動が長い歴史を持つからといって、その活動を未来永劫、無条件で続けてよいということにはならないし、殺した動物の魂に祈りを捧げたからといって、命を奪った罪は消えない。しかし、捕鯨文化がどのようなものであり、捕鯨者がどのように自然を認識しているのかについての知識は、鯨・捕鯨問題の議論には不可欠である。

## 4　反捕鯨と文化帝国主義

### † 文化帝国主義

人は「間違っているのは彼らであり、自分達は正しい」とか、「私達のやり方は彼らのやり方より優れている」などと考えがちである。こうした考えが心の中だけに留まっている限り、問題は起こりにくい。問題が起こるのは、それが普遍性に欠ける主観的な意見に過ぎないということを自覚せずに、何が正しく、何が間違いであるのかについての価値観を他人に押し付ける時である。こうした態度や行為が、個人を越えた広範囲なレベルで他の文化に対して実行に移された時、「文化帝国主義」と呼ばれる。文化帝国主義が悲劇的なのは、自らの意見や価値観を押し付ける側に、自分達がどれほど他者に対して無神経であるのかについての自覚がない点である。押し付ける側は、自分達は他者を正しい方向に導いており、公共善を促進していると誤って信じ込んでいることが多い。しかし、意見や価値観を押し付けられる側から見れば、こうした態度は受け入れ難い。一九九三年のIWC年次総会で、ノルウェー政府は捕鯨問題で同国を非難する欧米諸国の姿勢を文化帝国主義と公式に非難した。

ノルウェーはもはや、主権を行使し、他者と違う存在でありたいと願う国家や民族、コミュニティに対して、IWCの多数派が押し付ける文化帝国主義を受け入れることはできない。(Palmer 1997 : 21から引用)

反捕鯨国の中にも文化帝国主義という言葉を使う論者がいる。IWC元アメリカ代表のリチャード・フランクはIWCの在り方に関してこう述べている。

問題は、ある集団が自身の倫理的、道徳的、あるいは宗教的信条を他者に押し付けようとする時に起こる。ヒンズー教徒は、(たとえインド国内でも)他者に肉食を止めるよう求めたりはしない。しかし、アメリカ人は宣教師的な情熱を持って、自分達の主観的な動物信仰を他の社会に押し付けようとする。こうした文化帝国主義は非科学的で環境にも悪影響を及ぼすものであり、実行に移される時、差別的なものとなる。(Frank 1992)

捕鯨問題を論議する重要な機会であるＩＷＣ年次総会は、同じ考えを持つ国々が少数派に対して自らの価値観を押し付ける場となっている。ＩＷＣ元事務局長のレイ・ギャンベルは、現在の捕鯨論争の問題点を次のように指摘する。

捕鯨を生産手段と考える習慣を持っていない欧米人の多くが、他のコミュニティや国家にとって捕鯨は生活を維持する上で極めて重要な行為であるということを理解せずに、「私達は捕鯨なしでもやっていける。だから他者も捕鯨をすべきではない」という態度を取っている。現在、アメリカ、イギリス、オーストラリア、ニュージーランド、そしておそらくオランダが優勢であり、すなわち他者を圧倒し、見返りに何も与えない力を持っている。「私の言う通りにしろ。さもないと……」というのは交渉ではない。(著者のインタビュー 2001)

### †アングロ・サクソン国家の傾向

オランダを除けばギャンベルが挙げたすべての国が、いわゆるアングロ・サクソン国家であることに注目したい。アングロ・サクソン国家と一口に言っても、もちろん各国で相違点は多い。各国が独自の歴史と伝統、アイデンティティを育んできた。また、国内に多様な意見が存在するのも事実である。しかし一方で、こうした国々はイギリス文化を源流に持っており、今でもその影響が色濃く残っていると推測できる。彼らの多くが英語を母語としている。食事の中心は肉だが、鯨肉は食べ物とはみなされない。前述したリーチ（Leach 1964）の食の分類を当てはめれば、鯨肉は、文化や言語の上で食べ物と認識されず、無意識のうちにタブー視される第三分類に入るだろう。それでは、オランダが反捕鯨を国是としている事実をどのように考えればよいのだろう。オランダはアングロ・サクソン国家ではないが、オランダ語は分類上、インド・ヨーロッパ語のうちのゲルマン語派に属し、英語と極めて近い関係にある。リーチ（同）は、言語のタブーと行為のタブーは切っても切れない関係にあると述べているが、オランダが食の分類や世界観でアングロ・サクソン国家と多くの共通点を持っていると考えても大きな間違いではないだろう。(58) グリーンピースの本部がオランダの首都アムステルダムにあることや、シー・シェパードが抗議船の船籍をオランダに置いていることは、ある意味で象徴的である。

フィン・リンジ（Lynge 1992 : 17）は「アングロ・サクソン国家は自分達の文化パターンや価値システムを他者に輸出しようとする強い伝統がある」と指摘する。アングロ・サクソンにとって、鯨は人間と他の動物の間に位置する特別な動物であり、「本質的には欧米の都市現象」に過ぎない鯨の特別視が「普遍的なもの」と考えられている（同）。もちろん、アングロ・サクソンのすべてがこうした宣教師的な態度を取るわけではない。たとえば一九九六年六月二十七日付の英デイリー・テレグラフ（*The Daily Telegraph*）は、同年のＩＷＣ年次総会で「商業捕鯨に反対する多くの理由がある。それは差し迫った栄養的・経済的・社会的必要性を満たしていない。捕鯨ができなくても、ノルウェー人の誰も飢え死にしない」（*The Times*, 25 June 1996; *The Daily Telegraph*, 27 June 1996）と述べたイギリス漁業大臣、トニー・ボルドリーのダブル・スタンダードを、イギリス伝統の狐狩りを例に挙げて、次のように批判した。

狐狩りがどのような差し迫った栄養的・経済的・社会的必要性に役立っているのだろうか。［中略］鯨を「非致死的な方法」で利用すべきであるというボルドリーの論理を雷鳥や、鮭、雄鹿に拡大したら、どうなるだろうか。［中略］捕鯨はすべて間違っているという非合理的な主張は世界のマクドナルド化の一部であり、それはよく聞かれる使い捨ての言葉に包まれた安っぽい言動であり、甚だ疑問である。

しかし、自らの行動を顧みた上で、文化的多様性に配慮するデイリー・テレグラフのような見解は例外的なものである。極端な場合には、破壊工作や暴力に訴える者もいる。新旧二つの例を挙げたい。

## ✝イルカ追い込み漁の網を切断したアメリカ人

一九八〇年二月二十九日の夜、長崎県壱岐の湾内で、何百頭ものイルカを捕えていた網が何者かによって切断された。実行犯は、アメリカの環境運動家であるデクスター・ケイトという青年だった（川端 1997）。ケイトは、地元漁師によって「害獣駆除」のために殺される運命にあったイルカを救出するために破壊工作を行なったのである。当時の壱岐では、漁師にとって貴重な漁業資源であるブリを食べるイルカの「食害」が大問題となっており、その対策としてイルカの追い込み漁が行なわれていた。湾内に閉じ込められたイルカが明日にも殺されると知ったケイトは、イルカを逃がすしかないと決心して犯行に及んだのである。ケイトは直ちに日本の警察に逮捕され、裁判にかけられた。法廷でケイトは、壱岐はおそらく何百万年もの間イルカの餌場だったのだから、人間にではなくイルカに「漁業資源に対する優先権」があると主張した（Cate 1985）。この裁判では、ケイトの弁護をするために、動物解放運動で有名な哲学者、ピーター・シンガーがはるばるオーストラリアから証人として来日した。ケイトは結局、威力業務妨害の罪で懲役六か月（執行猶予付き）の判決を受け、日本から国外追放されたが、故郷のハワイではその「英雄的行為」のために大歓迎を受けることになったと言う。

ケイトは壱岐を合計四回訪れ、地元の漁業協同組合と話し合いを持ったり、漁師への補償を日本政府にかけ合おうとするなど、地元への配慮を見せていた（川端 1997）。しかし、イルカを救う最後の手段として網を切断したケイトの行動は結局は地元の漁師を激怒させたこと、そして罪を犯したことは間違いない。何より問題なのは、アメリカ管轄内の海域で救出できるイルカがいるのに、ケイトがはるばる日本まで来たという事実である。一九八〇年代、アメリカのマグロ漁用の網に絡まって溺死するイルカの数は毎年何千頭、何万頭にも上っていた。ケイトは同胞の漁網に絡まったイルカを助ける活動を行なったことがあるのだろうか。アメリカ国内の野生動物を救出するのに、イルカを助けるのと同じ熱意を示したのだろうか。北米大陸に棲む野生動物の多くが人間の大陸到着以前からそこで生息し、ケイトの言葉を借りれば、土地を利用する「優先権」を持っているのではないだろうか。

また仮に、野生動物の狩猟に反対する日本の活動家が、毎年アメリカで鹿狩りの標的にされる何百万頭の鹿を救出するために、アメリカ国内で妨害活動を行なったら、一般のアメリカ人はどのように反応するだろうか。ヒンズー教徒が、自分達の宗教の教えでは牛は神聖な動物であるという理由で、アメリカ人にステーキを食べるのを控えるように求めたり、家畜となっている牛を逃がそうとしたら、一般のアメリカ人はどう思うだろうか。おそらく多くのアメリカ人は困惑するだろうし、面目を傷付けられたとして「大きなお世話だ。放っておいてくれ」と怒り出す人もいるだろう。

### †シー・シェパードの破壊工作

もう一つの例はポール・ワトソンと彼が率いるシー・シェパードである。シー・シェパードはグリーンピースのような抗議団体ではなく、自らの手で、そして自らの解釈で「国際法」を執行する実力組織である。ワトソンは、最後の手段としてではなく、自らの信念を実行する主要な手段として破壊工作を行なう点で、ケイトより過激である。ワトソンは人を傷付けることは極力避けるが、海洋での不法行為に使われていると判断した場合、それが器物であれば、他人の所有物であっても容赦なく破壊する。ワトソンとシー・シェパードは一九八〇年、違法操業で悪名高かった捕鯨船、シエラ号を爆破し、一九八六年にはアイスランドの捕鯨船、一九九四年にはノルウェーが商業捕鯨の再開を宣言したことに対する報復として、同国の捕鯨船一隻を破壊している。近年では、南極海において日本の捕鯨船団に対する妨害工作を毎年行なっている。ワトソンの見解では、ノルウェーや日本のような捕鯨国と「鯨の国」(the nation of whales)は現在戦争状態にあり、ワトソンは「鯨族」(whalekind)の意思を代表する「大使」(ambassador)として「人間族」(humankind)との共存を目指して日々格闘しているのである(Watson 1994 : 164)。「鯨を守るために死ぬ覚悟ができている」(同)と言うワトソンは、鯨族の願いを人間族に説く宣教師の役割を自ら任じている。

ケイトやワトソンのこうした態度は、昔のヨーロッパで見られた宣教師の活動を彷彿とさせる。スペインやポルトガルを出港して南米やアフリカ、アジアに出掛けた一団は異教徒をキリスト教徒に改宗させるという使命を持っていた。多くの宣教師の動機はおそらく、異教徒に神の福音を与え、教化しようという純粋なものだったと思われる。出向いた土地の衛生水準を高めたり、先住民の福祉向上に貢献することもあった。しかし一方で、先住民を従順で無力な人間に変えることによって、本国が新たに獲得した領土の植民地化を容易にする先兵の役割を果たすこともあった。現地の神々を一神教の神に置き換える過程で、土地の信仰や習慣が非合理的で道徳的に間違ったものとして根絶させられることもあった。宣教師は多くの地域で先住民をキリスト教に改宗させることに成功した。もちろん、過去の植民地主義と現在の文化帝国主義には大きな違いがある。信仰の対象は神から鯨に変わり、組織として教会ではなく環境保護団体が重きを持ち、宣教師の代わりに環境主義者が説教をし、国家による物理的暴力がプロパガンダとメディア操作に置き換わった。

## †自国内の先住民に対する文化帝国主義的態度

文化帝国主義は他国に対してだけ発揮されるものではなく、自国内でも見られる。その場合、中央政府が先住民に対して一方的に政策を押し付けるなどの形を取ることが多い。ニュージーランド政府を例にとってみよう。ニュージーランドの元首相、ヘレン・クラークは断固とした反捕鯨政策で有名だった。クラークは鯨の保護に傾倒するあまり、一九九九年にオーストラリア政府と共同で「南太平洋鯨サンクチュアリ」の設立をＩＷＣに提案する際、ニュージーランドの漁業資源の約四〇％に対して独占権を持つマオリ族への相談を怠った（HNA, *The International Harpoon*, 24 July 2001）。さらにマオリ族が二〇〇〇年十一月、持続可能な捕鯨の推進を打ち出す国際組織、ＷＣＷの会合を同国のネルソン市で開催するよう誘致した際、政府職員に対して出席を控える通達を出した（同）。

こうした政策に反発したマオリ族の中には、ニュージーランド政府に対して、サンクチュアリ提案を撤回し、商業捕鯨に対する反対姿勢を再考するよう求める者もいた。これは「ニュージーランドとＩＷＣ：マオリ族の見解」（New Zealand and the International Whaling Commission : A Maori

Viewpoint）というタイトルでTWFCのサイトに掲載された声明である。

マオリ族はサンクチュアリ提案について相談を受けていないし、サンクチュアリが及ぼす条約上の権利への影響についても知らされていない。マオリ族は海洋資源の持続的利用、そして他の先住民や沿岸コミュニティが海洋哺乳類を持続的に利用する権利を支持する。（TWFC 2001）(59)

ニュージーランド政府の政策には文化帝国主義が透けて見える。先住民の天然資源利用権と自然保護の両立が難しい場合があるのは事実である。しかしマオリ族の例は、先住民の自己決定権が、自らの意見や価値観を押し付けたがる欧米の政府によって簡単に覆され、反故にされる好例である。

## †エコ・ファシズム

ＫＷＭの前館長、スチュアート・フランクは、反捕鯨運動には西洋のピューリタン精神が反映していると見る。

私達はピューリタンである。私達は禁止が好きである。〔中略〕それは西洋の宗教、そして結果として西洋の文化の本質である。様々な宗教上の理由で、鯨はアメリカ人の心の中に特別な場所を確保した。それは、様々な制限や制約があるということだ。〔中略〕鯨が「聖なる牛」であるなら、私達は鯨をそのように扱わなければならない。鯨を食べてはいけない。鯨は殺してはいけないのである。（著者のインタビュー 2001）

自国の文化の中で特定の動物を「聖なる牛」にすることと、違った文化的背景を持つ人々にそれを強要することには大きな違いがある。環境問題に関する自らの価値観を他者に強要するのは文化帝国主義の表われであるが、それを「エコ・ファシズム」(eco-fascism) と呼ぶ者もいる。エコ・ファシズムの教義では、「地球の警察が応えなければならないのは、母なる地球に対してだけ」(Moore 1994) であり、人間の暮らしは二の次である。ここで問題となるのは、母なる地球が何を望んでいるのか誰も正確には分らないということである。鯨を特別扱いすることが母なる地球の意思なのだろうか。それは、母なる地球の名前を借りた文化帝国主義ではないのだろうか。これは、二〇〇〇年十一月にニュージーランドのネルソン市で開催されたWCWの第三回総会に出席した後に、同会代表のトム・ハピヌークが組織のニュースレターに書いた一文からの抜粋である。

問題は誰が資源を管理するかである。それは私達の問題であり、民族の問題である。ノルウェー人、マオリ族、アイスランド人、フェロー島民、カナダの先住民 (Nuu-chah-nulth)、日本人、アボリジニの誰であろうと、またここに集まった他の偉大な国々のどの国民であろうと、私達は誰でも自分自身であり続ける自由を持たなければならない。(WCW 2000)(60)

## † 文化進化論の欺瞞

鯨保護論者の多くはこうした批判を熟知しており、様々な観点から反論を加えている。次の二つの議論は、WDCS発行のパンフレット「なぜ鯨なのか」（*Why Whales?*）から抜粋したものである。議論を一つ一つ検討してみよう。最初の引用は、科学者としてモラトリアムの採択に大きな役割を果たしたシドニー・ホルトのものである。

> 結果として、彼ら〔捕鯨国の国民——著者注〕は「非資源」（non-resource）的認識に関する人々の意思表明を「外国の考え」を導入しようとする受け入れがたい企てと見る傾向がある。彼らは「文化的相違」を強調するが、その相違がまるで不変なものであり、国民文化自体が大きく収斂の方向に進化することはないと考えている。（Holt 1991 : 8）[61]

自らの考えを正当化するために「文化進化論」を持ち出したホルトの議論は一見、説得力を持っているように思われる。しかしホルトは明らかに、あらゆる文化が西洋にとって都合がよい一つの方向、すなわち捕鯨の放棄に向かうべきであると考えている。ホルトの世界観では、文化が鯨類の持続的利用などの方向に進むことは想定されていない。ホルトにとって、捕鯨禁止が人類の進むべき道であり、他の道は退化に過ぎない。こうした考えの背景には、あらゆる人間集団が未開から野蛮、文明へと進歩するという西洋の社会・文化進化論の思想が見てとれる。社会・文化進化論は十九世紀後半にルイス・モーガンやエドワード・タイラーなど西洋の思想家が主唱したものである。当時は社会科学において中心的な考えだったが、後に文化的多様性を考慮に入れていないという理由から、狭隘で自民族中心的な考えとして破棄された。

次に、海洋生物学者のヴィクター・シェファーの主張を検討してみよう。

> 世界の海洋で現在生きている鯨が、動物に対する新しい倫理の形成モデルになるならば、鯨を救う十分な理由になるだろう。［中略］鯨を思いやることは、個人と社会の成熟の印である。そしてそれは思いやりの気持ちを育むよい訓練となる。人類にとって、慈悲（humanity）の道を歩むという最も困難な課題である。（Scheffer 1991 : 18–19）

他の動物でなく鯨がモデルに選ばれる理由についてシェファーは、鯨が「素晴らしく、そして神秘的」であり、「動物解放運動の象徴（icon）あるいは崇拝の対象（totem）」であるからだとしている（同）。シェファーは、「私達は、人間以外の動物の「価値」について決して合意することがないのかもしれない」と認めながらも、社会の成熟度を図る物差しとして鯨を使う誘惑に屈している。シェファーがいみじくも言うように、どの動物を象徴として使うのかは社会によって、また個人によって違って当然である。牛が「個人と社会の成熟の印」に選ばれたら、シェファーはどのように応えるのだろう。一人当たりの牛肉消費量を考えれば、オーストラリア、アルゼンチン、アメリカ、カナダは最も未成熟な社会と分類されるはずであり、これにヨーロッパ諸国が続くことになる。一方、牛を神聖視するヒンズー教徒が大多数を占めるインドは、世界で最も成熟した社会になるだろう。この点、日本の立場は興味深い。日本人が四つ足の動物を食べることの宗教的禁忌から解放されて牛肉食を始めたのは、十九世紀半ば以降の西洋化の過程においてである。文化進化論の観点から言えば、日本人の倫理は西洋化のために退行したということになろうか。

文化帝国主義の対概念が、すべての文化にそれ相応の価値を認める文化相対主義である。文化相対主義は極端に解釈された場合、いかなる道徳的判断や普遍的価値観も否定する「何でもあり」の粗雑なポストモダンの罠に陥る危険性がある。実際、ある社会が長い捕鯨の歴史を持っているという理由だけで、捕鯨を将来にわたって継続してよいと主張することはできない。とは言うものの、他の動物の置かれた状況に目をつぶり、鯨だけを特別扱いする西洋人の態度は恣意的である。

## 5　鯨、捕鯨、人種差別

他文化の尊重、マイノリティ（少数者）の保護が民主主義の証しとされる現代社会において、文化帝国主義者のレッテルを貼られることは致命的である。ホルトやシェファーが文化進化論や慈悲などの概念を持ち出したのは、そうした非難を避けたいという気持ちがあったからだろう。しかし、文化帝国主義者のレッテルさえ、比較的穏健なものに思わせるほど強烈なレッテルがある。それは人種差別主義者という非難である。一部の筋金入りの差別主義者を除き、誰もが人種差別主義者と言われることを望まないので、このレッテルの妥当性を証明するのは極めて困難である。しかし、反捕鯨運動で使用される言葉や、非難の的になる対象を分析することで、人種差別の具体例、少なくとも手掛かりを見つけることは可能である。

## †イギリスの新聞に見られる人種差別的報道

人種差別の表われと見られる事例をいくつか検討してみよう。次の記事は一九九一年五月十一日にイギリスのタブロイド新聞であるデイリー・スター（*The Daily Star*）の一面を飾ったものである。記事は捕鯨推進を狙って日本政府が東京で開催したパーティーに関するレポートである。記事の見出しは「日本人が鯨で宴会　要人が生肉を貪り食う　これまで出された中で最もおぞましい夕食」。記事は次のようなものである。

鯨の生（raw）肉がジャップ（Japs）の要人の病的（sickening）な夕食メニューに載った。何百人もの国会議員や賓客が、国際的な捕鯨禁止に抗議するために、その吐き気を催すような（disgusting）料理を貪り食った（tuck into）。東京で行なわれた宴会で一三〇キロの肉をむしゃむしゃ食べる（munch）一方で、彼らは鯨の舌の塊や調理されていない（uncooked）皮のスライスを飲み込んだ（gorge）。彼らが食べた鯨は、苦痛に満ちた（agonising）長時間の死を経験したのである。今年すでに何百頭もの鯨が殺戮（slaughter）された。

記事の中で「日本人」（Japanese）は差別語の「ジャップ」（Japs）と呼ばれ、「食べる」（eat）という中立的な言葉の代わりに「貪り食う」という語感に近い「tuck into」「munch」「gorge」などの言葉が使われ、鯨は「捕らえられる」（catch）のではなく「殺戮」（slaughter）される。記事に添えられた四枚の写真のキャプションも強烈である。「吐き気を催す（disgusting）：夕食に招かれた日本の賓客が、鯨の生（raw）肉の塊とその調理されていない（uncooked）皮のスライスを笑顔で飲み込む（gorge）」、「深海から：日本の船に引き揚げられる鯨」、「海の虐殺者（butchers）：甲板に揚げられたミンククジラの裂けた身体を切り刻む（hack away）ジャップ（Jap）の作業員」、「悪趣味な（tasteless）光景：鯨の生（raw）肉と皮が載った銀の皿が東京の要人の食欲をそそる」。

差別的な言葉がこれでもかと並ぶ。イギリスのタブロイド紙向けに数多くの記事を書いた経験を持つトム・ギル（Gill 1993）が指摘する通り、記事の中には「生」（raw）や「調理されていない」（uncooked）などの表現が何度も登場する。肉や魚を生で食べる習慣を持つ日本人のグロテスクさが強調され、日本人は食べ物を調理するという最低限のマナーさえ持たない野蛮人として描写されている。欧米における最近の日本食ブームは有名であるが、日本食に馴染みのない多くの欧米人にとっては、刺身は綺麗にスライスされた魚の小さな切り身ではなく、血が滴り落ちる肉の塊と映るらしい。

ここでは、「生のもの＝自然・野蛮」「火を通したもの＝文化・文明」というレヴィ＝ストロース（Levi-Strauss 1966；1994）の有名な図式が健在である（同）。食と差別意識の密接な関係について、日本に帰化したイギリス・ウェールズ出身の小説家のC・W・ニコルは言う。

人種問題は皮膚や髪の色でなく、食べ物から始まる。誰かの食べ物を批判することは、その人の家族、その人の母親や妻の料理を批判することと同じである。人は自分の食べ物に敏感である。誰かを侮辱したいと思ったら、その人の食べ物、特にあなたの文化では食べない物を批判すればよい。（著者のインタビュー 2000）

## †日本人とノルウェー人に対する態度の違い

人種的偏見から日本人が不当な扱いを受けているという主張は、捕鯨問題に関わる日本人の多くが口にするものである。彼らは、日本人がノルウェー人より酷い仕打ちを受けがちであることを強調する。鯨研顧問の大隅清治もそうした見解を共有する一人である。

劣等人種が捕鯨を行なうのは許せないという考えがあるようだ。明らかに人種差別である。捕鯨が残酷であるという主張は、捕鯨反対の口実として後から出てきたものだ。この問題に関する私の長い経験からいって、日本人の扱いはノルウェー人の扱いとまったく違うのは間違いない。私はまた、アングロ・サクソンの一国でも今日まで捕鯨を続けていれば、事態はまったく違ったものになっていたと思う。(62)（著者のインタビュー 2000）

環境主義者がノルウェー人より日本人に対して厳しい態度を取りがちであるという指摘は、ノルウェー人自身からも寄せられている。ノルウェーに本部を置く捕鯨推進団体の極北同盟（High North Alliance = HNA）によると、日本叩きのいつもの顔ぶれであるＩＦＡＷ、ＷＷＦ、グリーンピースなど七つのＮＧＯが共同して、アメリカのワシントン・ポスト（*The Washington Post*）の二〇〇二年四月十日付紙面に掲載した広告が好例である（HNA, *The International Harpoon*, 20 May 2002）。広告のコピーは「日本は国際取引の禁止を無視し、ノルウェーからの鯨肉輸入を始めると発表した」というものである。「ノルウェーは国際取引の禁止を無視し、日本に対する鯨肉輸出を始めると発表した」としてもよさそうなものだが、矢面に立たされているのは日本である。捕鯨の実施主体、そして鯨肉の輸出主体はノルウェーのはずである。もちろん日本は利害関係のない第三者ではなく、世界最大の鯨肉消費国であり、今回の発表が他国の捕鯨を誘発する恐れがある。しかし、このコピーは問題である。何であれ取引が問題になった場合、非難の的になるのは通常、輸入国ではなく輸出国だろう。たとえば、麻薬の違法取引が問題になる場合、非難されるのは輸入側（先進国であることが多い）ではなく輸出側（開発途上国であることが多い）である。なぜ鯨肉に限って、輸出側でなく輸入側が矢面に立たされるのだろう。ノルウェーは他に輸出品がない開発途上国ではなく、一人当たりの国民所得が世界最高水準の先進国であり、鯨肉の輸出ができなくても経済的ダメージはほとんどない。

### †経済規模の影響?

捕鯨問題において、なぜノルウェーでなく日本が「いつも鞭で打たれる少年（perennial whipping boy）」（Ellis 1992 : 473）の役割を課されるのだろう。日本が第二次世界大戦で西側の民主主義国に挑戦したことや、象牙や鼈甲《べっこう》など先進国が問題視する製品の輸入を長く続けた歴史、あるいは生で鯨肉を食べる食習慣などが関係しているのだろうか。あるいは、大隅が指摘するように、白人でないという事実と何か関係があるのだろうか(63)。アメリカのIWC代表団の一員だったケヴィン・チューは言う。

> 日本が主な標的となるのは、日本経済がノルウェーやアイスランドの経済より遥かに大きいからである。しかし、人種差別という要素もあるのかもしれない。少なくても、日本が私達にとって、ノルウェーより異質で違った存在であるという要素はある。日本とアメリカの文化的相違は、ノルウェーとアメリカの相違より大きい。（著者のインタビュー 2001）

批判対象の選択において、経済規模が影響するのは疑いない。たとえば、グローバリゼーションの悪影響や多国籍企業による開発途上国の労働者の搾取などの問題では、日本やドイツ、イギリスに代わって矢面に立たされるのは世界最大の資本主義国であるアメリカである。

## †反捕鯨運動に表われた反日感情

反捕鯨運動と反日感情の関わりは、運動が始まった一九七〇年代当初から見られるものである。たとえば、グリーンピース黎明期の反捕鯨運動について、設立者の一人であるロバート・ハンター(Hunter 1979 : 154–5)は「日本に対する批判は、日系カナダ人に対する昔からの人種差別的態度を喚起する危険があった」と指摘している。ハンターは、人種差別的な事件が起こるのを防ごうとしたグリーンピースの努力にも関わらず、日系カナダ人の子ども達が校庭で「クジラ殺し」と呼ばれるなどの嫌がらせを受ける事件があったことを認めている。

被害に遭ったのは日系カナダ人の子ども達だけではない。前述のC・W・ニコルは次のようなエピソードを紹介している。一九七〇年代にカナダのバンクーバー市に住んでいたニコルは、当時反捕鯨運動に乗り出したばかりのグリーンピースの初期の会合に参加した経験を持っている。ニコルが会合で日本の捕鯨を弁護したところ、嫌がらせの手紙や脅迫状を送り付けられ、「忌々しいジャップ好き」(fucking Jap lover)と罵られたと言う(Ward 1990 : 23–4から引用)。

一九七〇年代、状況はアメリカでもほぼ同様だったらしい。動物保護団体である動物基金(Fund for Animals)の「ソ連と日本の製品をボイコットしよう」と題するパンフレット(発行年不詳)を読むと、日系アメリカ人の子ども達がアメリカ国内で嫌がらせを受けたこと、この問題に対処するために動物基金がパンフレットの中で人種差別と日本製品のボイコットを分けるよう市民に訴えたことなどが記されている。パンフレットが人種差別と商品のボイコットを分けて考えるよう求めたこと自体、アメリカにおいて日系人に対する差別事件が頻発した証拠である。[64] こうした事例は、捕鯨問題が環境問題であると同時に、感情を激しく揺さぶる道徳や倫理の問題であることを示している。

最近の事例では、オーストラリアのビール会社、ブルータング・ブリュワリー（Bluetongue Brewery）制作のCMが有名である。産経新聞記者の佐々木正明によると、同社を保有する実業家のジョン・シングルトンはシー・シェパードのポール・ワトソンと親交があり、鯨を守るキャンペーンを二〇〇六年末に始めた（佐々木 2010）。ビールの売り上げの一部をシー・シェパードに寄付する仕組みである。CMは次のようなものである。

スーツ姿のアジア人の男性が日本料理店を訪れ、大声で「おい、鯨のフルコースです」と注文する。お椀を口にしていた男性の背中を銛が貫通し、男性は口から血を流す。料理人が絶命しかかった男性に近づき、電気ショックを与える。そして、鯨の鳴き声をバックに「私達の鯨は激痛の中で死ぬ」（Our whales die painfully）「殺戮を止めよう」（Stop the slaughter）「鯨を救うビールだけを飲もう」（Only drink whale safe beer）というメッセージが流れる。

同CMは「最も人種差別的なオーストラリアのCM」（Most Racist Australian Commercial）としてYouTubeにアップされている。

また、二〇一〇年には、和歌山県太地町のイルカ漁を批判的に描いたドキュメンタリー映画『ザ・コーヴ』をめぐって、日本人に対する偏見が問題になった。非難の中心になったのは保守系団体の「主権回復を目指す会」で、同団体は自らの活動を記したサイトの中（二〇一〇年四月九日）で、「日本人を残虐な民族に描こうとしている」、「ドキュメンタリーにあるまじき徹底した虚偽で演出された反日映画である」などと映画を糾弾した。映画の中には実際、第5章でも触れたように、漁師の暴力性や日本人の食のグロテスクさを強調するシーンやナレーションが数多く含まれている。日本人の英語の間違いを皮肉る場面などは、日本人から見てあまり気持ちよいものではない。この映画にある種の偏見を感じた日本人は少なくないだろう。

# 注

（1） WWFジャパンはその後、反捕鯨の本部の方針とは別に独自に発表した「クジラ保護に関するWWFジャパンの方針と見解」（二〇〇五年五月）の中で、厳格な管理の徹底などを条件に、絶滅危惧種でない鯨種の商業捕獲の再開を認める方針を打ち出した。

（2） 本書では「西洋」や「欧米」（英語ではWest）という言葉を西ヨーロッパ、北米、オセアニアに住む国民の多くと、これら地域の政治・文化体制を指す用語として使用する。正確を期して言えば、西洋と一括りに言っても、ノルウェー、アイスランド、デンマーク（フェロー諸島、グリーンランドなどの保護地域を含む）、カナダなどの国・地域は捕鯨推進派あるいは、少なくても捕鯨容認派である。また、アメリカ先住民のイヌイット（エスキモー）やマカ族などは捕鯨推進派であり、オセアニア（オーストラリアとニュージーランド）でもマオリ族のような捕鯨推進派が存在する。当然のことながら、たとえば反捕鯨を国是とするイギリスにも、捕鯨を容認する人達が一定割合で存在する。

反捕鯨の国や地域は多いが、本書が主に扱うのはアメリカ、イギリス、オーストラリア、ニュージーランドの四か国である。これら四か国は現在、多民族・多文化国家であるが、それを承知の上で、総称してアングロ・サクソン国家と呼びたい。それは、これらの国々でアングロ・サクソン族が歴史上、支配的な地位を占め、部族の言葉から発生した英語が共通言語であり、文化的にも共通点が多いためである。カナダもアングロ・サクソン国家の一つであるが、海洋哺乳類の狩猟が一部地域で重要な産業であるなどの理由で、捕鯨に対して寛容な政策を採用している。

（3）　たとえば、シャチの脳重量比は〇・〇九であるが、ナガスクジラのそれは〇・〇一に過ぎない（Klinowska 1992 : 25）。

（4）　捕鯨史の要約は、Cousteau（1988）、Ellis（1992）、Stoett（1997）、Tønnessen and Johnsen（1982）を参照したものである。

（5）　『白鯨』は、メルヴィルが一八四一年に捕鯨船で大西洋の航海に参加した体験に基づいて書かれたものである。

（6）　IWCには二〇一〇年一月現在、八十八か国が加盟している。

（7）　グリーンピース・カナダの元代表で、グリーンピースの反捕鯨運動の責任者も務めたパトリック・ムーアは「私達は彼ら［中立国——著者注］をIWCに勧誘し、おそらく彼らがそこ［IWCの開会場所——著者注］まで旅行し、ホテルをとるお金を集めた」（著者のインタビュー 2001）と話している。

（8）　アメリカは国内法（正式には「1979 Packwood–Magnuson Amendment to the Fishery Conservation and Management Act of 1976」と呼ばれる）を持ち出し、日本に対して、モラトリアムを受け入れなければ、アメリカの二〇〇カイリ海域における日本の漁業権を認めないと脅しをかけた。激しい二国間交渉の末に日本は、アメリカ海域における漁業が捕鯨よりも大きな経済的価値があることに鑑み、捕鯨を捨てて漁業を取ることを決断した。しかし、この決定から五年も経たないうちに、アメリカは自国海域から日本の漁業者を締め出す決定を行ない、日本は捕鯨も漁業も失う羽目になった（Komatsu and Misaki 2001 : 63）。

（9）　この点、カリコット（Callicott 1980）は、環境主義の全体論的アプローチと、動物解放・動物権思想の個別的アプローチには相容れない側面があると指摘する。

（10）　厳密に言えば、グリーンピースの前身である「波を立てるな委員会」（Don't Make a Wave Committee）

が設立されたのは一九六九年である。

(11) マコーミック (McCormick 1989 : 49) は環境保護運動をもたらした要因として、①豊かさ、②核実験、③レイチェル・カーソンの『沈黙の春』(*Sirent Spring*)、④一連の環境災害、⑤科学的知識の発達、⑥他の社会運動の影響——の六つを挙げている。

(12) 功利主義者であるシンガーは、自分の哲学を述べる言葉として、「動物権」より「動物解放」や「動物福祉」を好むが、本書では厳密な違いにこだわらず、より一般的な「動物権」を使う。

(13) ヴァン・デ・ヴェールはこの原則を「二つの要素の平等主義」(Two Factor Egalitarianism) と名付けている。

(14) しかし実際には、ある状況下では、リーガンの「権利の見解」も矛盾を避けるために功利主義的な計算に頼らざるを得ない。この点についてはフランク (Frank 2002) を参照。

(15) 実際には、バーストウが小論の中で鯨の特殊性として挙げたのは五つの点である。しかし、一九九六年にハワイのマウイ島で開かれた第四回「鯨を生かそう会議」(Whales Alive Conference) では、そのうちの一点を二つに分け、六点を挙げて講演している。本書はバーストウの講演に倣って、鯨の特殊性を六点に分けて論じる。

(16) 第1章で論じたように、鯨が乱獲された理由の一つは、誰もが好きなだけ捕獲できる「共通財産」と見なされたためである。ここで、総割当量に達するまで捕鯨国が捕獲を競った「捕鯨オリンピック」が一九六二年まで行なわれていたことを思い出してみよう。これはまさにG・ハーディン (Hardin 1968) が「共有地の悲劇」(the tragedy of the commons) と呼んだものだが、皮肉なことに今度は、この悲劇が捕鯨者に降りかかることとなり、環境主義者が捕鯨に反対する口実となっている。

(17) 反捕鯨論者の主張が説得力に欠けることは、反捕鯨論者自身が認めているようである。捕鯨に関するオーストラリアの国家プロジェクトチームの報告書である『普遍的メタファー——オーストラリアの商業捕鯨反対』(*A Universal Metaphor : Australia's Opposition to Commercial Whaling*)(Environment Australia 1997)がその好例である。報告書は、商業捕鯨の恒久的な禁止を目指すオーストラリア政府に理論的根拠を与えるために作成されたものだが、その目的は不幸なことに裏目に出た。商業捕鯨の非を論じる長い議論の後で、報告書は「結局のところ、なぜ鯨が特別なのかを定義するより、鯨が特別であるという広範な意見があることを認識する方が大切である」と結論付けている。鯨が特別な生き物であることの理論化を放棄したと思われる同報告書は、捕鯨推進論者の嘲笑の対象となった。第2章の巻頭辞を参照。

(18) 人間中心主義(anthropocentrism)とは簡単に言えば、人間を世界の中心に置く考えを指すが、理論家によって様々な定義がある。たとえば、エカースレイ(Eckersley 1992)は人間中心主義を生態系中心主義(ecocentrism)と対比させ、動物界を人間のための資源の貯蔵庫と見る心的態度と定義している。一方、ヘイワード(Hayward 1997)は、人間中心主義は多義的な言葉なので、種差別(speciesism)や排外主義(chauvinism)などの用語を使うべきであると論じている。

(19) カンガルーは、国を代表する鳥のエミュとともに、オーストラリアの公式シンボル「コート・オブ・アームズ」(Coat of Arms)の図案にも採り入れられている。オーストラリアの新聞、ヘラルド・サン(*The Herald Sun*, 30 January 2002)は、カンガルーはアボリジニの神聖なシンボルであり、オーストラリア政府が国家のシンボルとして使うのは「文化的略奪」であるとする決議をアボリジニの長老達が出したことを報じている。

(20) 詳しくは第3章を参照。

（21）この点に関して前述のシンガーは、動物の権利（福祉）拡大運動の戦略を一部変更したようである。シンガーはすべての感覚を有する生き物の平等の実現には時間がかかり過ぎるとして、動物学者や心理学者などと共同で一九九三年に「大型類人猿プロジェクト」（Great Ape Project）を立ち上げた（Singer 2001）。プロジェクトは、チンパンジー（ボノボを含む）、ゴリラ、オランウータンの三種の大型類人猿の権利尊重をまず優先し、動物に対する私達の考えを改めさせる突破口にしようとするものである。

（22）「アメリカ人第一主義」と言えば、温室効果ガスを削減するための京都議定書を批判する中で、アメリカのブッシュ前大統領は「どんなことであれ、我が国の経済に害を及ぼすことはしない。第一に考えられるべきは、アメリカ人だからである」（Singer 2004 : 1–2）と述べている。

（23）フェロー諸島はデンマークの保護領で、スコットランドの北方約三二〇キロに位置する。寒冷地にある島は作物の栽培に不向きであり、島民は漁業に依存している。島はグリンド（grind）と呼ばれるゴンドウクジラの追い込み漁の長い歴史を持っている。島民は獲物を島の入江まで追い込み、カギ形の鎌やナイフでとどめを刺す。漁は公開で行なわれ、ゴンドウクジラが流血したり、痙攣《けいれん》したりする光景が見られる。

（24）一九八二年のモラトリアムは附表第一〇項eで「遅くとも一九九〇年までに、モラトリアムによって鯨資源にどのような影響があったかを評価し、新たな捕獲枠の設定を検討する」（小松 2001 : 257）と謳っている。この条項が示す通り、一九九〇年までにモラトリアムを見直し、新たな捕獲枠を設定することが定められていた。しかし実際には、ＩＷＣ科学委員会が一九九〇年に南極海のミンククジラの生息数を七十六万頭と推計し、限定的な捕鯨ならば種の存続に影響を及ぼさないと見られるにも関わらず、今日までモラトリアムの見直しは行なわれていない。

(25) 海洋哺乳類の混獲というのは、魚を獲るために仕掛けた網にイルカなどが誤って入り込み、網にからまって身動きできなくなったり、窒息死したりする事故を指す。
(26) 最近は状況に変化が見られる。一方的な経済制裁が世界貿易機関(WTO)の規則違反であり、相手国の対抗措置を招く恐れがあることから、アメリカの経済制裁の有効性に陰りが見られる。こうした事情もあり、ノルウェーは一九九三年に商業捕鯨を再開、日本は南極海に続き、一九九四年からは北西太平洋における調査捕鯨に乗り出した。アイスランドも二〇〇六年に捕鯨を再開した。
(27) 二〇〇四年、捕鯨の福祉的側面に焦点を当てた反捕鯨団体の「ホエール・ウオッチ」(Whale Watch)と名付けられたキャンペーンが始まった(WSPA：2004)。その報告書『苦難の海——現代捕鯨活動の福祉的意味の検討』(*Troubled Waters : A Review of the Welfare Implications of Modern Whaling Activities*)は鯨を仕留める方法、銛を打たれた鯨が死ぬ時間、想像される鯨のストレス、家畜の殺処分と捕鯨の比較など捕鯨活動を多面的に考察。福祉の基準が低すぎるとして、「すべての捕鯨活動は停止されるべきである」と結論付けた。しかし、報告書の方法論や事例の選択には問題点が多い。たとえば、殺処分場の福祉基準と捕鯨のそれを詳細に比較検討する一方で、捕鯨を他の動物の狩猟と比較することは慎重に避けている。もし、報告書がカンガルーや鹿の狩猟などと捕鯨の福祉基準を比較したならば、結論は違ったものになっていたかもしれない。加えて、檻などに閉じ込められた家畜が耐えなければならない長期の不快感を考慮した場合、捕鯨が畜産より非人道的かどうかは議論が分かれるところである。この比較に関しては、第6章を参照。
(28) 科学の中立性と公平性に関しては、科学自体が政治的配慮の産物であるとの強力な反論がある。すなわち、「科学的知識が経験的なデータにまったく関係のない社会的影響によって決定される」(Couvalis

1997：142）場合があるというわけである。確かに、科学の発展、特に医療や生物学の発展は、政治と不可分の関係にあった。しかし一方で科学的知見は、すべてを政治的判断に委ねる場合に比べ、合理的な議論や意思決定の余地が大きいことは間違いない。

(29) たとえば、ジャマイカは一九八一年にＩＷＣに加盟して一九八四年に脱退、ドミニカは一九八一年加盟で一九八三年に脱退した。ドミニカは捕鯨推進を掲げて一九九二年にＩＷＣに再加盟した興味深いケースである。カリブ海諸国のこうした政策変更に関して、反捕鯨側は、日本が政府開発援助を使って影響力を行使したと繰り返し非難している。実際、二〇〇九年に公開されたドキュメンタリー映画『ザ・コーヴ』（*The Cove*）の中で、ドミニカの元ＩＷＣ代表のアタートン・マーチンは、日本政府がカリブ海諸国のＩＷＣ年会費を肩代わりしたり、ＩＷＣにおける日本支持の投票に対する見返りとして漁業施設を建設したなどと証言している。

(30) ワシントン条約において、クロコダイル（ワニ）と海亀の扱いが異なっていることは示唆的である。クロコダイルと海亀は保護が必要な爬虫類という点では同じであるにも関わらず、クロコダイルは野生種の取引が保護に役立つとの理由で附属書Ⅰから附属書Ⅱにカテゴリー変更される一方で、海亀の附属書変更は加盟国の反対で合意を得なかった。理由は明白である。クロコダイルが人を襲う不人気な害獣であるのに対して、海亀が人に危害を加えない人気者であるからである（Webb 2000）。

(31) 単純化して言えば、伝統的な環境保護運動と新しい環境保護運動の違いは、環境主義（environmentalism）と生態系主義（ecologism）の違いと言える。ドブソン（Dobson 2000：2）は、前者が価値観や生産・消費パターンの根本的な変革を求めない点で「環境問題に対して管理的なアプローチ」を取るのに対して、後者は「人間以外の自然界と人間との関係や、社会的・政治的生活様式の抜本的な変革」を前提にしていると述べている。

(32) エカースリー(Eckersley 1992:37)は著書『環境主義と政治理論』(*Environmentalism and Political Theory*)の中で、バリー・コモナーが挙げた「エコロジーの四原則」を紹介している。すなわち、①すべての物は他のすべての物と繋がっている。②すべての物はどこかに行かなければならない。③自然は最善を知っている。④無料でもらえる物(free lunch)などない。

(33) 十九世紀から二十世紀初めにかけて活躍した知識人の中にも、進歩的な環境意識を持ち、個人レベルでそれを実行に移した者がいたのは事実である。たとえば、ヴィクトリア朝時代のイギリスで活躍したヘンリー・ソルトや、十九世紀半ばのアメリカで活動したヘンリー・デイヴィッド・ソローなどの名前を挙げることができる。しかし、彼らは社会的に孤立しており、その考えが環境保護運動に革新をもたらすことはなかった。この点、ジョン・ミューアはその環境哲学がシエラ・クラブの設立となって結実したという意味で例外的な存在である(Oelschlaeger 1991)。ただし、現在の基準から見れば、シエラ・クラブは目指す方向や環境問題への対処の仕方などの点で革新的とは言い難い。

(34) ブラウワーが、シエラ・クラブを辞めたのと同じ理由で一九八六年にFoEを去ったのは興味深い。ブラウワーは辞めて数か月で、自らの理想を再び実現するためにアースアイランド研究所(Earth Island Institute)を設立した(Wapner 1996:194)。

(35) IWCの科学委員会は一九九〇年、南極海のミンククジラの生息数を約七十六万頭と推定した。この推計は、アメリカを含む反捕鯨国でさえ受け入れている。著者のインタビューに対して、IWCのアメリカ代表団の一員だったケヴィン・チュー(Chu 2001)は「その数字はアメリカ政府も受け入れている。私達はその数について論争しない」と述べている。科学委員会は現在、ミンククジラの生息数を再調査しているが、数百頭、数千頭規模の捕獲も許されないほどミンククジラの数が少ないという議論には無理がある。

(36) 厳格な検査制度、監視システムとして、すべての捕鯨船に検査官を同乗させること、衛星による捕鯨の監視、DNAテストによる鯨肉の流通経路の調査などが、IWC科学委員会によって提案されている。

(37) グリーンピースは現在では、イヌイットなど先住民による生存捕鯨に比較的寛容だが、過去においては、生存捕鯨に対して厳しい態度を取っていた。

(38) ジョーダンとマロニー(Jordan and Maloney 1997 : 186)は、キャンペーン議題の日和見主義的選択に関して、グリーンピースは一九九六年までに、会員の獲得より政策変更への影響増大を優先させる「解決型キャンペーン」に移行したと指摘する。これが事実なら、グリーンピースは新しい方向を見つけたということになる。

(39) この指摘に対してグリーンピースは、ワシントン条約において、両種の鯨が附属書I(絶滅危惧種)に掲載されていると主張するかもしれない。しかし第3章で見たように、ワシントン条約の附属書に掲載されるかどうかは、必ずしも科学的知見ではなく、政治的妥協で決まることもある。また、実際の生息数と附属書の分類を一致させることによってワシントン条約の不備を改めようとする動きに、環境保護団体や反捕鯨国の多くが反対しているという事実もある(Komatsu and Misaki 2001 : 154 ; Webb 2000 などを参照)。

(40) WWF、グリーンピース、シー・シェパード、IFAWのパンフレットやウェブサイトを調べてみたところ、WWFとグリーンピースは大型鯨種の推定生息数をパンフレットやサイトに掲載しているが、シー・シェパードの出版物では生息数が見当たらなかった。興味深いのはIFAWの例である。IFAWは、ノルウェーと日本が一九九〇年以来捕獲した鯨の種類と捕獲数、シロナガスクジラやセミクジラのような絶滅危惧種の推定生息数を詳細に表示する一方で、マッコウクジラやミンククジラについては「マッコウクジラに関して国際的な推定生息数は存在せず、南極海のミンククジラについても合意された生息数はない」（IFAW 2003）などの理由で、推定生息数を示すことを避けている。二〇〇九年の同団体のウェブサイトを見ても、マッコウクジラやミンククジラについて、ワシントン条約の付属書Ⅰに掲載されていると指摘するだけで、生息数には触れていない。しかし、ＩＷＣはミンククジラとマッコウクジラについて推定生息数を発表しており、その数字は**表3**（第1章二五頁）の通りである（Aron, Burke and Freeman, 2000を参照）。

（41）日本をベースとするストリンガー（非常勤通信員）としてイギリスの新聞に多くの記事を書いた経験を持つトム・ギルは、イギリスの低級なタブロイド新聞の日本関連の記事は一般的に、フリーの記者が偽名で書いたものが多いと証言している（Gill 1993）。

（42）ＩＣＲＷの第八条二には、「特別許可書に基いて捕獲した鯨は、実行可能な限り加工し、また、取得金は、許可を与えた政府の発給した指令書に従って処分しなければならない」（水産庁 1995：12）と書かれている。

（43）グリーンピースがマクルーハンの教えをキャンペーンに利用していたことに関しては、スティーヴン・デールの『マクルーハンの子ども達――グリーンピースのメッセージとメディア』（*McLuhan's Children: The Greenpeace Message and the Media*）（Dale 1996）が詳しい。

（44）この議論は、著書『カルチュラル・スタディーズ入門』（*Introducing Cultural Studies*）の中で、ボールドウィン（Baldwin 1999：413–6）が、シミュレーションとハイパーリアリティの概念をメディアと選挙運動の関係を使って説明した例を参考にして著者が考案したものである。

(45)「疑似イベント」(pseudo-event) という言葉は、アメリカの歴史家であるダニエル・ブーアスティンが考案したものである。ブーアスティン (Boorstin 1964 : 19-20) は著書『幻影の時代――マスコミが製造する事実』(*The Image : A Guide to Pseudo-Events in America*) の中で、疑似イベントの特徴として次の四つを挙げている。すなわち、①自然発生的でなく、誰かが計画する、②報道され、再現されるために仕組まれる、③現実に対する関係が曖昧である、④自己実現の予言として企てられる。メディア向けに設定された記者会見が疑似イベントの代表例である。

(46) メディアやイメージが現実や実体験の優位に立つ現象を指摘したのは、ポストモダンの思想家が最初ではない。たとえば、大衆社会を論じる中で、C・W・ミルズ (Mills 1956 : 311) は一九五〇年代の時点で、「私達の信頼度や現実の基準は、私達自身の断片的な経験よりむしろメディアによって設定される傾向がある」と述べている。

(47) 本書で取り上げた作品以外にも、分析に値する映画やドキュメンタリーは数多い。例を挙げれば、シャチが主人公として登場するアメリカ映画『フリー・ウィリー』(*Free Willy*) (1993) は人気を博し、第二作、第三作が制作された。主人公を演じたシャチの「ケイコ」は映画の撮影終了後に野生に放たれた後もメディアの関心を集めた。英ガーディアン (*The Guardian*, 13 September 2002) によれば、ケイコのリハビリテーションと野生に返すのにかかった費用は二千万ドルに上ったという。また、ポール・ワトソン率いるシー・シェパードが南極海で日本の捕鯨船団と対決するシーンを描いたテレビ・ドキュメンタリー『鯨戦争』(*Whale Wars 1-3*) (2009-10) も興味深い作品である。

(48) 実際、著者のインタビューに応じてくれた有識者の多くが、『フリッパー』とクストーのドキュメンタリーに接したことで、人々が鯨の素晴らしさを知るようになったと証言している。
(49)『フリッパー』の影響は一般の人々の間にとどまらない。たとえば、鯨研顧問の大隅清治は、海洋学者の多くが子どもの時に『フリッパー』に魅せられたことが理由で、研究者の道に進んだと話している。
(50) 実を言えば、この図式は正しくない。もし海洋に「要石」となる生物が存在するとすれば、それは鯨ではなくプランクトンである。プランクトンがいなければ、鯨はおろか多くの魚は生存できない。鯨は、海洋生態系において他の生物と同様、海洋の健康状態を知らせる一つの指標に過ぎない。
(51) ワイタンギ条約は一八四〇年、マオリ族の先住民としての権利を確保することを目的に、イギリスとマオリの族長達との間で結ばれた(Orange 1987 など参照)。
(52) マオリ族は現在では、環境省の許可を受ければ、鯨の骨と歯を彫刻に一定量利用することが許されるようになったが、腐敗あるいは汚染された肉の消費はマオリ族の健康を害する危険があるとして、鯨肉の消費は違法のままである(TWFC)。
(53) スタートレックにおいて、航海日誌、そしてその先に控える視聴者に語りかけるカーク提督が「神の声」を演じていたことを、ここで思い起こそう。
(54) このことを考えれば、アッテンボローがWSPAの報告書『苦難の海――近代捕鯨活動の福祉的意味の検討』(*Troubled Waters : A Review of the Welfare Implications of Modern Whaling Activities*)(WSPA 2004)に寄せた次の巻頭言は重要である。それまで自然保護問題で中立を保ってきたアッテンボローは沈黙を破り、「海洋で苦痛を与えずに鯨を殺す方法はない」と述べた上で、読者に対して、捕鯨が「文明社会で今日でも許されるべきかどうか」判断するよう求めている。
(55) PETA(2001b)のサイトによれば、「鯨を食べよう」と書かれた広告板は、「ホエール・ウオッチング愛好国の心を刺激したために」米ワシントン州シアトルで使用を禁止されたと言う。
(56) 小型沿岸捕鯨は漁場が日本近海に限定された捕鯨であり、使用される捕鯨船も日本の法律で五〇トン以下に制限されている。
(57) フリーマン（1989：165–6）は捕鯨文化を「数世代にわたり伝えられた捕鯨に関連する共有の知識」と定義している。共有知識の中には、コミュニティの伝統や世界観、人間と鯨との生態学的・技術的関係、鯨製品の流通や食文化などが含まれる。
(58) リーチ（Leach 1964：24）は「言語のタブーと行為のタブーは同じように是認されるばかりでなく、両者は、たとえばセックスに関する行為と言葉がそうであるように、よく混同される」と述べている。
(59) 「沿岸コミュニティ」という言葉は重要である。それは、マオリ族がイヌイットなどの先住民に対してだけでなく、日本やノルウェーの捕鯨コミュニティに対しても連帯感を持っていることを示しているからである。
(60) ＷＣＷの総会では、鯨肉を食用にすることの健康上のメリット、南太平洋鯨サンクチュアリ提案に反対することなど、捕鯨コミュニティにとって重要な多くの問題が話し合われた。
(61) ここで言う「非資源」的認識とは、鯨を捕鯨の対象としてではなく、ホエール・ウオッチングやセラピーの提供者などと捉える見方を指す。
(62) 何度も論じたように、実際にはアメリカは現在でも世界最大規模の捕鯨国である。アメリカの捕鯨は、絶滅危惧種のホッキョククジラを対象としている点で、日本やノルウェーの捕鯨より環境への影響が大きい。にも関わらずアメリカに対して国際的批判が少ないのは、同国の捕鯨がイヌイットやマカ族など先住民による生存捕鯨の範疇に入るからである。この点について大隅は「彼ら［反捕鯨国と環境主義者――

著者注」はエスキモーを完全な人間ではなく、自然の一部か何かと考えているのではないか」と話す（著者のインタビュー 2000）。先住民、特にイヌイットの扱いに対するメディアの差別に関しては、ヴァレリー・アリアの著書『メディアの倫理と社会変革』（*Media Ethics and Social Change*）を参照。同書の中でアリアはイギリスの新聞のイヌイットに対する「歪曲された人種差別的構図」を批判している（Alia 2004 : 57）。

(63) この点、ノルウェー人への公開書簡の中で、二十世紀初めに世界の海を席巻した同国の捕鯨者を「疱瘡」（pox）や「腺ペスト」（bubonic plague）に喩え、マッコウクジラを守ろうと人間の盾となった自分に対して捕鯨銛を放ったロシア人を「金髪のサル」（blonde ape）と呼んだワトソンの例は興味深い（Watson 1993b）。ワトソンは雑誌のインタビューで「私は人を差別しない、というより人間そのものが嫌いなのですから」と答えている（ソトコト 2010 : 37）。

(64) パンフレットには「鯨を殺す人の数は少ないし、彼らがどこの国の人間でどのような外見をしているのかは問題ではない」と書かれている。また、鯨保護団体の「プロジェクト・ヨナ」（Project Jonah）（発行年不詳）のパンフレットには、捕鯨問題で日本の首相に抗議の手紙を書くよう教師や生徒に求める一方で、「鯨の殺害に責任があるのは日本人ではなく、捕鯨会社三社であり、両者を混同しないよう注意しなければならない」と書かれている。

# おわりに

宇宙から見れば、地球は青い。
宇宙から見れば、地球は人間ではなく鯨の領域。
青い海は地表の十分の七を覆う。
五千万年の微笑を持つ、史上最大の頭脳の領域。
水中では鯨が支配種。
地上に舞い降りた異星人……。
深海の知を身に付けた海の知識人。
（ヒースコート・ウィリアムズ『鯨の国』1988）

本書では、鯨が他の動物よりも大きな権利を持つとされる理由と、鯨が神聖視されるようになった過程を見てきた。議論の中で、鯨の特別扱いは歴史的にも文化的にも現代西洋社会特有の現象であること、鯨に対する欧米人の態度は恣意的であって論理的一貫性に欠けること、西洋とは異なる社会環境で育った人々は違った観点を持つ傾向があることなどを指摘した。西ヨーロッパ、北米、オセアニア地域に居住する国民の多くは鯨を特別視し、捕鯨国を批判する一方で、自分達が経済的に利害関係を持つ動物の扱いには同じ基準を適用しない。同じことが、グリーンピース、シー・シェパード、WWF、IFAWなどの環境・動物保護団体にも当てはまる。こうした団体は、支援者の目に魅力的に映る鯨や象などの保護を強く主張する一方で、支援者が食用としている家畜の酷い扱いに目をつぶったり、カリスマ性に欠ける野生動物の保護には鯨に対するほどの熱意を示さないのが普通である。もし個々の動物の福祉について本気で考えるのなら、そしてそれはPETAやALFのような動物権・動物福祉団体の目的でもあるのだが、狩猟や畜産、動物実験などあらゆる種類の動物利用に反対し、菜食主義を実践しなければ筋が通らない。一方、もし自らを自然保護団体と見るならば、そしてそれはグリーンピースなどの公式の立場であるようだが、持続可能な仕方で管理されている限り、捕鯨には反対すべきではない。その中間の主張、つまり鯨は一頭たりとも捕獲してはいけないが、他の動物の利用は認めてもよいという考えは、論理的一貫性を欠いており、ダブル・スタンダードの誹りを免れることはできない。

何度も指摘したように、八十以上存在する鯨種のうち、絶滅の危機に瀕しているのはわずかであり、絶滅危惧種はすでに商業捕鯨の対象から外されている。また、様々な観点から見たように、鯨は他の動物と比較して特別でもユニークでもない。すべての動物がユニークな存在であり、生態系の中で何らかの役割を担っている。鯨保護論者は、鯨にはあって他の動物にはない特徴を抜き出し、鯨が特別な動物であると主張する。しかし、この主張は厳しい批判に耐えることはできない。心臓や肝臓などの臓器を機能不全に陥った人間に移植できる点で、豚は特別な動物であると主張することも可能である。人間のすぐ近くで暮らし、人間と同じ物を食べる点で、ネズミは特別な動物であると主張することもできる。どのような主張であれ、それが論理的一貫性を持ったものであるかどうかを判断する最良の方法は、その論理や主張を他の問題や状況に当てはめてみることである。たとえば、知的能力が高いという理由で鯨の特別扱いを主張する人に対して、学業成績や知能指数の高さを基準として人間の優劣を決めることが健全なことなのかどうかを問うてみることである。捕獲方法が非人道的であるという理由で捕鯨に反対する人には、陸上動物の狩猟や害獣駆除が人道的であるかどうか問うてみればよい。

本書ではピーター・シンガーの種差別の考えを援用し、鯨・捕鯨問題に関する環境保護団体やメディアの主張は一貫性に欠けると指摘してきた。ここでシンガーの主張をもう一度引用したい。「鯨と日本人」（Whales and Japanese）と題された論文からの抜粋である。

> 結局のところ西洋の国々が、自らが利害関係を持つ動物に対する行為に、同様の基準を適用するなら、捕鯨反対の健全性を日本人に納得させることはずっと容易になるかもしれない。（Singer 1984 : 5）

文化的価値観や世界観が問われる場合、何が正しく何が間違っているのか、何が普遍的で何が特殊であるのかの判断には慎重の上にも慎重である必要がある。ある問題に対してある社会で合意が成立していたとしても、異なる自然・文化環境に置かれた社会において同様の合意が得られると考えるのは誤りである。こうした意味で本書が、普遍性と特殊性に関する私達の理解を深める上で一つの手掛りを提供することができたとすれば、著者にとって大きな喜びである。最後に本書の要点を記したい。

(1)鯨に対する一般人の興味と関心が高まったのは、『フリッパー』やクストーの海中ドキュメンタリーのような鯨・イルカ類を特集したメディア作品が世界的に人気を博した一九六〇年代以降のことである。この時期はまた、イギリスなど国際政治において影響力のある西洋の国々が、油を抽出する手段として利益を生まなくなった商業捕鯨から撤退した時期でもある。

(2)反捕鯨運動は、道徳の及ぶ範囲を人間以外の動物にも広めようとする「動物権」思想の影響を受けている。しかし原則的として、動物権の思想は鯨のようなカリスマ性のある動物を特別扱いしたり、他の動物を軽視することを想定していない。

(3)鯨はユニークな動物であるという鯨保護論者の主張には説得力がない。鯨が人間の目に魅力的に映るからといって、鯨が特別であるということにはならない。動物はすべて何らかの点でユニークである。

(4)歴史的に見て、現在のモラトリアムは科学的知見の結果ではなく、政治的思惑から生まれたものである。西洋の政治家は、環境に配慮しているというイメージを得る手段として捕鯨問題を利用してきた。

(5)環境保護運動の歴史と組織のダイナミズムを見れば、反捕鯨運動には、一般の人々から財政的支援を受けるために社会問題を利用する「抗議ビジネス」の側面があることは否定できない。一部の環境保護団体は支援を得るために、派手な直接行動を行なったり、人々の不安心理をかき立てるなどの戦術を取ってきた。

(6)メディア、中でも映画やテレビなどの映像メディアは、鯨のイメージを高める上で大きな影響力を発揮してきた。イマジネーションの中にハイパーリアリティとして存在する「想像上の鯨」という概念は、鯨が一海洋哺乳類から神聖で特別な存在に進化した理由と過程を理解するのに有益である。

(7)鯨は特別な動物であるという言説は西洋社会特有のものであり、異なる自然・文化環境に暮らす人々には必ずしも共有されていない。現代の自由民主主義国の根本原理から言えば、自らの恣意的な意見や価値観を他者に押し付ける文化帝国主義的な態度や姿勢には問題がある。

紙幅の都合上、お世話になった方全員の名前を挙げることはできないが、その一部を記したい。エセックス大学時代の指導教官であるコリン・サムソン、テッド・ベントン両氏は私の自主性を重んじながら親切に指導して下さった。群馬大学の荒木詳二、森谷健両氏、神戸国際大学の遠藤竜馬氏、上智大学の阿部るり氏からは、原稿の一部となる論文に対して貴重な意見を頂いた。国立民族学博物館の岸上伸啓氏主催の共同研究会「捕鯨文化の実践人類学的研究」のメンバーの方々からは、発表や討論などを通じて様々な示唆を受けた。日本鯨類研究所（鯨研）は当時大学院生だった私に、所蔵する資料を自由にコピーさせてくれた。あの時の資料がなかったら、本書は生まれなかったと思う。ナカニシヤ出版編集部の津久井輝夫氏は、人の紹介で原稿を持ち込んだ私に丁寧に対応し、本書の出版を引き受けて下さった。また同社編集部の方には、原稿の間違いや見出し不足などについて的確かつ丁寧なアドバイスを頂いた。本書執筆に向けた調査研究には、エセックス大学社会学部、松下国際財団、トヨタ財団から助成金を受けた。ここに感謝の気持ちを表わしたい。最後になったが、留学中も帰国後も、様々な形で応援してくれた母に感謝の気持ちを伝えたい。みなさん、ありがとうございました。

International Whaling Commission, Cambridge, England, 14 March 2001.
Heyning, John E.（ジョン・ヘイニング）, Deputy Director of Research and Collections and Curator of Mammals, Natural History Museums of Los Angeles County, Los Angeles, California, USA, 6 September 2001.
Hustad, Diane（ダイアン・ハスタッド）, American Cetacean Society, San Pedro, California, USA, 5 September 2001.
Kerr, Iain（イアン・カー）, Vice President /CEO of Whale Conservation Institute, Lincoln, Massachusetts, USA, 18 September 2001.
Moore, Patrick（パトリック・ムーア）, former President of Greenpeace Canada, Vancouver, British Columbia, Canada, 28 August 2001.
Penland, Katy（ケイティ・ペンランド）, President of American Cetacean Society, Los Angeles, California, USA, 6 September 2001.
Watkins, Victor（ヴィクター・ワトキンズ）, Liberation Campaign Director of the WSPA, London, 7 March 2001.
Wilkinson, Pete（ピート・ウィルキンソン）, former Chairman of Greenpeace UK, Halesworth, Suffolk, England, 29 May 2001.

『ザ・コーヴ』（*The Cove*）（2009）DVD。

『ジャック＝イヴ・クストー 海の百科 深海の哺乳類/イルカとクジラの秘密の世界』（*The Cousteau Odyssey 'The Warm-Blooded Sea: Mammals of the Deep'*）（1982）DVD。

『スタートレックⅣ　故郷への長い道』（*Star Trek IV: The Voyage Home*）（1986）DVD。

『フリー・ウィリー』（*Free Willy*）（1993）DVD。

『フリッパー』（*Flipper*）（1963）DVD。

『ブルー・プラネット』（*The Blue Planet: A Natural History of the Oceans*）（2001）DVD。

『野蛮なビジネス』（*Beastly Business*）（2001）テレビ・ドキュメンタリー。

## ■著者のインタビュー

### 日 本 人

大隅清治（2000）日本鯨類研究所（鯨研）理事長（現顧問），11 月 21 日，東京で。

小森繁樹（2000）WWF ジャパン企画調整室，11 月 15 日，東京で。

島一雄（2000）IWC 元日本代表，11 月 11 日，東京で。
C. W. ニコル（2000）作家，10 月 17 日，長野県黒姫山で。

### 外 国 人

Brown, Paul（ポール・ブラウン）, Environment Correspondent for *the Guardian*, London, 24 May 2001.
Chu, Kevin（ケヴィン・チュー）, Dean of Sea Education Association, Woods Hole, Massachusetts, USA, 19 September 2001.
Dyer, Michael P.（マイケル・ダイアー）, Curator of the Kendall Whaling Museum, Sharon, Massachusetts, USA, 21 August 2001.
Frank, Stuart（フランク・スチュアート）, Director of the Kendall Whaling Museum, Sharon, Massachusetts, USA, 20 August 2001.
Gambell, Ray（レイ・ギャンベル）, former Secretary of the

*The Daily Star*（1991）'Japs Feast on Whale' 11 May.
*The Daily Telegraph*（1996）'Let Them Eat Whale If They Want to', 27 June.
*The Guardian*（1996）'A Ban Based on Fishy Judgments', 19 June.
*The Guardian*（1999）'"Toxic Whale Meat" on Offer in Japan', 29 May.
*The Guardian*（2001）'Bloody Whaling', 21 July.
*The Guardian*（2002）'You're a Whale, Keiko', 13 September.
*The Herald Sun*（2002）'The Roo Is Taboo, Australians Told', 30 January.
*The Independent Sunday*（2000）'Poison Saves Hunted Whales', 9 January.
*The Japan Times*（2000）'Whaling Issue Not Black and White', 21 September.
*The New York Times*（2002）'Harvest the Whales', 20 August.
*The New York Times*（2002）'Japan Cuts Whaling Rights for Native Peoples of Arctic', 25 May.
*The Observer*（2000）'Fury As Japan Unleashes Its Harpoons', 30 July.
*The Sunday People*（2001）'Chained, in Agony & About to Die … for Sushi', 8 April.
*The Times*（1992）'How Not to Save Whales', 30 June.
*The Times*（1996）Whale and Dolphin Conservation Society 'Stop Him: Save Whales!'（advertisement）, 1 May.
*The Times*（1996）'Sleep of the Deep', 18 June.
*The Times*（1996）'Moral Censure by Britain Angers Whaling Nations', 25 June.
*The Weekend Australian*（1997）'Hill Plays World Policeman on Whales', 13－14 September.

**■メディア作品（映画，テレビ・ドキュメンタリー，ビデオ，DVD）**

『鯨戦争』（*Whale Wars, Season 1, 2, 3*）（2009－10）DVD。

『クジラの島の少女』（*Whale Rider*）（2003）ビデオ。

Students' (Newsletter).
Sandøe, P. (1994) 'Do Whales Have Rights?', pp. 16－20 in High North Alliance *11 Essays on Whales and Man*. Reine i Lofoten, Norway.
Scheffer, V. (1991) 'Why Should We Care about Whales?', pp. 17－9 in Whale and Dolphin Conservation Society (ed) *Why Whales?*
Sea Shepherd Conservation Society (1996) Sea Shepherd Log (1st Quarter).
Sea Shepherd Conservation Society (2009) 'Defending Whales', URL (consulted September 2009): http://www.seashepherd.org
Sørensen, H. (1994) 'The Environmental Movement and Minke Whaling', pp. 27－30 in High North Alliance *11 Essays on Whales and Man*.
Tamura, T and S. Ohsumi (1999) 'Estimation of Total Food Consumption by Cetaceans in the World's Oceans', the Institute of Cetacean Research.
Ward, S. (ed) (1990) *Who's Afraid of Compromise?* The Institute of Cetacean Research.
Watson, P. (1993b) 'An Open Letter to Norwegians', Carried in the newspaper *Nordlys* (8 January).
Whale Center (1988) 'Whale Center's Tenth Anniversary', Whale Center Journal 11 (2).
World Council of Whalers (2000) *Tohora* (Pamphlet), December.
World Society for the Protection of Animals et al. (2004) *Troubled Waters: An Exposé of the Welfare Implications of Modern Whaling Activities*.
World Wide Fund for Nature (2001) *Whales in the Wild: 2001 A WWF Species Status Report*.

## 新聞・通信社記事

*Agence France-Presse International* (1995) 'Brigitte Bardot Threatens Japan with Boycott over Whaling', 9 March.

International Fund for Animal Welfare (2003) 'Common Minke Whale', URL (consulted February 2003): http://www.ifaw.org

Kalland, A. (1998) 'The Anti-Whaling Campaigns and Japanese Responses', pp. 11–26 in the Institute of Cetacean Research (ed) *Japanese Position on Whaling and Anti-Whaling Campaign.*

Kangaroo Industry Association of Australia (2009) 'Background Information', URL (consulted April 2009): http://www.kangaroo-industry.asn.au

Kojima, T. (1993) 'Japanese Research Whaling', pp. 37–56 in the Institute of Cetacean Research (ed) *Whaling Issues and Japan's Whale Research.*

Nagasaki, F. (1993) 'On the Whaling Controversy', pp. 5–20 in the Institute of Cetacean Research (ed) *Whaling Issues and Japan's Whale Research.*

Nagasaki, F. (1994) 'Fisheries and Environmentalism', pp. 45–51 in the Institute of Cetacean Research (ed) *Public Perception of Whaling.*

Palmer, H. (1997) *A Report on the Norwegian Strategy to Gain International Legitimacy for Its Resumption of Commercial Whaling: An Example of the Political and Economic Use of Cultural Representations.* Whale and Dolphin Conservation Society: Bath, England.

People for the Ethical Treatment of Animals (2001a) '"Eat the Whales," Say Protesters', URL (consulted February 2003): http://www.peta-online.org

People for the Ethical Treatment of Animals (2001b) '"Eat the Whales," Declares PETA Billboard', URL (consulted February 2003): http://www.peta.org

Proctor, S. J. (1975) 'Whales: Their Story', Vancouver Public Aquarium Newsletter xix (4).

Project Jonah (n.d., probably the mid 1970s) 'Dear Teachers and

in *The International Harpoon* No.3, 24 October.
High North Alliance（2000）'CITES Majority Supports Whale Meat Trade', URL（consulted July 2002）:http://www.highnorth.no/news
High North Alliance（2000）'CITES 2000 Conference Wraps UP', URL（consulted July 2002）: http://www.highnorth.no/news
High North Alliance（2000）'CITES Slams IWC', URL（consulted July 2002）: http://www.highnorth.no/news
High North Alliance（2000）'CITES Secretariat Recommends Downlisting of Whales', URL（consulted July 2002）: http://www.highnorth.no/news
High North Alliance（2001）'The UK on Whaling' in *The International Harpoon* No.1, 23 July.
High North Alliance（2001）'On the Whalers' in *The International Harpoon* No.1. 23 July.
High North Alliance（2001）'NZ Says Yes, Maori Say No!' in *The International Harpoon* No.2, 24 July.
High North Alliance（2001）'Maori Ask New Zealand to Withdraw Sanctuary Proposal', News from High North Alliance, 24 July.
High North Alliance（2001）'Still Dragging Cows Round Fields: Commercial Deer Hunt Exposes UK Double Standard' in *The International Harpoon* No.3, 25 July.
High North Alliance（2002）'Anti-Whaling or Anti-Japan?' in *The International Harpoon*, 20 May.
Holt, S.（1991）'The Un-Ethics of Whaling', pp. 8－16 in Whale and Dolphin Conservation Society（ed）*Why Whales?*
International Fund for Animal Welfare（2001）'So You Thought We'd Saved the Whale …?'（Pamphlet）.
International Fund for Animal Welfare（2003）'Whale Kills Since 1990', URL（consulted February 2003）: http://www.ifaw.org
International Fund for Animal Welfare（2003）'Sperm Whale', URL（consulted February 2003）: http://www.ifaw.org

Barstow, R.（1991）'Whales Are Uniquely Special', pp. 4－7 in Whale and Dolphin Conservation Society（ed）*Why Whales?*

Barstow, R.（1996）'"Why Whales?" Breakthrough to a Broader Ethic', Presented at the 4th Annual 'Whales Alive Conference', Maui, HI, 25 January.

Charnovitz, S.（1995）'Environmental Trade Sanctions and the GATT: An Analysis of the Pelly Amendment on Foreign Environmental Practises', pp. 29－37 in High North Alliance（eds）*Aditional Essays on Whales and Man.*

Frank, R.（1992）'The Paradox of the American View on Utilization of Marine Mammals', *Isana* 6.

Fund for Animals（n.d., probably the mid 1970s）'Whales Are Being Slaughtered to Extinction: Boycott Soviet and Japanese Goods', Newsletter.

Gill, T.（1993）'Japan in the British Tabloids', Presentation at the Oxford Brookes University, England, 8 March.

Greenpeace（1984）*Greenpeace Examiner*（October/December）.

Greenpeace（1992）*The Whale Killers.*

Greenpeace（1996）*Greenpeace Witness: Twenty-Five Years on the Environmental Front Line.* London: André Deutsch.

Greenpeace（2000）'Saying "No" to Whaling: Japan Faces Possible Economic Sanctions', *Greenpeace Magazine*（Winter）.

Greenpeace（2008）*Greenpeace International Annual Report 07*, URL（consulted June 2009）http://www.greenpeace.org/raw/content/usa/press-center/reports4/greenpeace-annual-report-2007.pdf

Greenpeace（2009）'whale factsheets', URL（consulted September 2009）http://www.greenpeace.org/international/campaigns/oceans/whaling/whale-factsheets

High North Alliance（1993）'Chairman of IWC Scientific Committee Leaves in Protest', High North News No.4, 4 June.

High North Alliance（1997）'The Great Intellectual Debate'（Cartoons）

(consulted April 2004): http://www.ec.gc.ca

Indian and Northern Affairs Canada (2003) 'Highlights of the Canadian Arctic Contaminants Assessment Report Ⅱ', URL (consulted April 2004): http://www.ainc-inac.gc.ca

International Union for the Conservation of Nature = IUCN (2001) Opening Statement at the 53rd International Whaling Commission Meeting. London.

Lee, S. (2001) New Zealand's Minister of Conservation, Press Conference, London, 23 July.

Treaty of Waitangi Fisheries Commission (Te Ohu Kai Moana) (n.d.) 'Beached Whales as Food: Cetaceans and Maori Customary Use', Wellington.

Treaty of Waitangi Fisheries Commission (Te Ohu Kai Moana) (1999) 'Call for Maori Appointment to International Whaling Group', *Tangaroa* 50 (August).

Treaty of Waitangi Fisheries Commission (Te Ohu Kai Moana) (2001) 'New Zealand and the International Whaling Commission: A Maori Viewpoint', URL (consulted February 2004): http://www.tokm.co.nz

United Kingdom (2001) Opening Statement at the 53rd International Whaling Commission Meeting, London.

United Nations (1973) Report of the United Nations Conference on the Human Environment. New York: United Nations.

### 非公的文書

Animal Welfare Institute (n.d. probably mid 1970s) 'Save the Whales!: Boycotts Japanese, Russian and Norwegian Products', Pamphlet, Washington DC

Aron, W. (2001) 'Our World Is Too Small for Unnecessary Confrontations: How Can We Solve the IWC Problem', *Isana* 24 (June): 5−9.

Victor, D. G. (2001) *The Collapse of the Kyoto Protocol and the Struggle to Slow Global Warming*. Princeton, NJ: Princeton University Press.

Wapner, P. (1996) *Environmental Activism and World Civic Politics*. New York: State University of New York Press.

Watson, L. (1985) *Whales of the World*. London: Hutchinson.

Watson, P. (1993a) *Earthforce!: Earth Warrior's Guide to Strategy*. La Cañada, CA: Chaco Press.

Watson, P. (1994) *Ocean Warrior: My Battle to End the Illegal Slaughter on the High Seas*. Toronto, Canada: Key Porter Books.

Webb, G. J. W. (2000) 'Are All Species Equal?: A Comparative Assessment', pp. 98–106 in J. Hutton and B. Dickson (eds) *Endangered Species, Threatened Convention: The Past, Present and Future of CITES, the Convention on International Trade in Endangered Species of Wild Fauna and Flora*. London: Earthscan.

Weber, M. (1968) *Max Weber: On Charisma and Institution Building*. Edited by S. N. Eisenstadt. Chicago, IL: The University of Chicago Press.

Wenzel, G. (1991) *Animal Rights, Human Rights, Ecology, Economy and Ideology in the Canadian Arctic*. London: Belhaven Press.

Williams, H. (1988) *Whale Nation*. London: Jonathan Cape.

Willis, R. (1974) *Man and Beast*. London: Hart-Davis, MacGibbon.

*Holy Bible* (n.d.). London: the British and Foreign Bible Society.

**公的文書**

Australia (2001) Opening Statement at the 53rd International Whaling Commission Meeting, London.

Environment Australia (1997) *A Universal Metaphor: Australia's Opposition to Commercial Whaling* (Report of the National Task Force on Whaling), URL (consulted July 2003) : http://ea.gov.au

Environment Canada (1997) 'Canadian Arctic Contaminants Assessment Report (CACAR) Released' (New Release), URL

Management', *Environmental Ethics* 3 (Fall): 241–80.

Schleifer, H. (1985) 'Images of Death and Life: Food Animal Production and the Vegetarian Option', 63–76 in P. Singer (ed) *In Defence of Animals*. Oxford: Basil Blackwell.

Serpell, J. (1986) *In the Company of Animals: A Study of Human-Animal Relationships*. Oxford: Basil Blackwell.

Singer, P. (1975) *Animal Liberation: Towards an End to Man's Inhumanity to Animals*. London: Paladin Granada Publishing.

Singer, P. (1984) 'Whales and the Japanese', pp. 1–5 in A. Sibatani (ed) *Environment, Man, Science and Technology in Japan*. The Japanese Studies Centre.

Singer, P. (1993) *Practical Ethics (second edition)*. Cambridge: Cambridge University Press.

Singer, P. (2001) *Writings on an Ethical Life*. New York: Harper Collins Publishers.

Stallwood, K. (1996) 'Utopian Visions and Pragmatic Politics: Challenging the Foundations of Speciesism and Misothery', pp. 194–208 in R. Garner (ed) *Animal Rights: The Changing Debate*. New York: New York University Press.

Stoett, P. J. (1997) *The International Politics of Whaling*. Vancouver, Canada: UBC Press.

Susskind, L. E. (1994) *Environmental Diplomacy: Negotiating More Effective Global Agreements*. New York: Oxford University Press.

Thomas, K. (1983) *Man and the Natural World: Changing Attitudes in England 1500–1800*. London: Allen Lane

Tønnessen, J. N. and A. O. Johnsen (1982) *The History of Modern Whaling*. Translated by R. I. Christophersen. London: C. Hurst & Company.

Van De Veer, D. (1979) 'Interspecific Justice', *Inquiry* 22: 55–79.

Van Heijnsbergen, P. (1997) *International Legal Protection of Wild Fauna and Flora*. Amsterdam: Ohmsha IOS Press.

University Press.
Orange, C. (1987) *The Treaty of Waitangi*. Wellington: Allen & Unwin/Port Nicholson Press.
Paterson, M. (1996) *Global Warming and Global Politics*. London: Routledge.
Payne, R. (1995) *Among Whales*. New York: Scribner.
Pearce, F. (1991) *Green Warriors: The People and the Politics behind the Environmental Revolution*. London: The Bodley Head.
Pearce, F. (1996) 'Greenpeace: Mindbombing the Media', *Wired* 2 (5): 51–88.
Rawcliffe, P. (1998) *Environmental Pressure Groups in Transition*. Manchester: Manchester University Press.
Regan, T. and P. Singer (1976) *Animal Rights and Human Obligations*. Englewood Cliffs, NJ: Prentice-Hall.
Rose, C. (1993) 'Beyond the Struggle for Proof: Factors Changing the Environmental Movement', *Environmental Values* 2 (4): 285–98.
Ryder, R. D. (2000) *Animal Revolution: Changing Attitudes towards Speciesism*. Oxford: Berg.
Sagan, C. (1980) *Cosmos*. London: Book Club Associates.
Sagan, C. (2000) *Carl Sagan's Cosmic Connection: An Extraterrestrial Perspective*. Cambridge: Cambridge University Press.
Sahlins, M. (1976) *Culture and Practical Reason*. Chicago, IL: the University of Chicago Press.
Sanderson, K. (1994) 'Grind — Ambiguity and Pressure to Conform: Faroese Whaling and the Anti-Whaling Protest', pp. 187–201 in M. M. R. Freeman and U. P. Kreuter (eds) *Elephants and Whales: Resources for Whom?* Basel, Switzerland: Gordon and Breach Science Publishers.
Scarce, R. (1990) *Eco-Warriors: Understanding the Radical Environmental Movement. Chicago*, IL: The Noble Press.
Scarff, J. E. (1980) 'Ethical Issues in Whale and Small Cetacean

Polity Press.

Martin, R. B.（2000）'When CITES Works and When It Does Not', pp. 29－37 in J. Hutton and B. Dickson（eds）*Endangered Species, Threatened Convention: The Past, Present and Future of CITES, the Convention on International Trade in Endangered Species of Wild Fauna and Flora*. London: Earthscan.

Mauss, M.（1980）*The Gift: Forms and Functions of Exchange in Archaic Societies*. London: Routledge & Kegan Paul.

McAdam, D, J. D. McCarthy and M. N. Zald（1996）'Introduction: Opportunities, Mobilizing Structures, and Framing Processes — toward a Synthetic, Comparative Perspective on Social Movements', pp. 1－20 in D. McAdam, J. D. McCarthy and M. N. Zald（eds）*Comparative Perspectives on Social Movements: Political Opportunities, Mobilizing Structures, and Cultural Framings*. Cambridge: Cambridge University Press.

McCormick, J.（1989）*Reclaiming Paradise: The Global Environmental Movement*. London: Belhaven Press.

McLuhan, E. and F. Zingrone（eds）（1997）*Essential McLuhan*. London: Routledge.

Mills, C. W.（1956）*The Power Elite*. New York: Oxford University Press.

Milton, K.（1996）*Environmentalism and Cultural Theory: Exploring the Role of Anthropology in Environmental Discourse*. London: Routledge.

Moore, P.（1994）'Greenspirit: Hard Choices', *Leadership Quarterly* 5（3/4）.

Nash, R. F.（1989）*The Rights of Nature: A History of Environmental Ethics*. Madison, WI: The University of Wisconsin Press.

Nash, R. F.（2001）*Wilderness and the American Mind（Fourth Edition）*. New Haven, CT: Yale University Press.

Oelschlaeger, M.（1991）*The Idea of Wilderness*. New Haven, CT: Yale

*Dispute*. Tokyo: The Institute of Cetacean Research.

Lacey N. (1998) *Image and Representation: Key Concepts in Media Studies*. New York: ST Martin's Press.

Lappé, F. M. (1982) *Diet for a Small Planet (Tenth Anniversary Edition)*. New York: Ballantine Books.

Leach, E. (1964) 'Anthropological Aspects of Language: Animal Categories and Verbal Abuse', pp. 23–63 in E. H. Lenneberg (ed) *New Directions in the Study of Language*. Cambridge, MA: The M.I.T Press.

Lévi-Strauss, C. (1966) 'The Culinary Triangle', *New Society* 166: 937–40.

Lilly, J. C. (1961) *Man and Dolphin*. Garden City, NY: Doubleday & Company.

Lilly, J. C. (1978) *Communication between Man and Dolphin: The Possibilities of Talking with Other Species*. New York: Julian Press.

Linné, O. (1993) 'Professional Practice and Organization: Environmental Broadcasters and Their Sources', pp. 69–80 in A. Hansen (ed) *The Mass Media and Environmental Issues*. Leicester: Leicester University Press.

Lowe, P. and D. Morrison (1984) 'Bad New or Good News: Environmental Politics and the Mass Media', *Sociological Review* 32: 75–90.

Luo, Z. (2000) 'In Search of the Whales' Sisters', *Nature* 404 (16 March): 235–7.

Lynge, F. (1992) 'Ethics of a Killer Whale', pp. 11–21 in Ö. D. Jónsson (ed) *Whales and Ethics*. Reykjavík: University Press, University of Iceland.

Lynge, F. (1993) *Arctic Wars: Animal Rights, Endangered Peoples*. Translated by M. Stenbaek. Hanover, NH: University Press of New England.

Martell, L. (1994) *Ecology and Society: An Introduction*. Cambridge:

*Environmental Issues*. Leicester: Leicester University Press.

Hardin, G. J. (1968) 'The Tragedy of the Commons', *Science* 162 (13 December): 1243–8.

Harris, M. (1985) *Good to Eat: Riddles of Food and Culture*. New York: Simon and Schuster.

Hayward, T. (1997) 'Anthropocentrism: A Misunderstood Problem', *Environmental Values* 6 (1): 49–63.

Hilgartner, S. and C. L. Bosk (1988) 'The Rise and Fall of Social Problems: A Public Arenas Model', *American Journal of Sociology* 94 (1): 53–78.

Hunter, R. (1979) *Warriors of the Rainbow: A Chronicle of the Greenpeace Movement*. New York: Holt, Rinehart and Winston.

Ihimaera, W. (1987) *The Whale Rider*. Auckland, New Zealand: Heinemann.

Jackson, G. (1978) *The British Whaling Trade*. London: Adam & Charles Black.

Jordan, G. and W. A. Maloney (1997) *The Protest Business?: Mobilizing Campaign Groups*. Manchester: Manchester University Press.

Kalland, A. and B. Moeran (1992) *Japanese Whaling: End of an Era?* London: Curzon Press.

Kalland, A. (1993) 'Management by Totemization: Whale Symbolism and the Anti-Whaling Campaign', *Arctic* 46 (2): 124–33.

Kidd, A. H. and R. M. Kidd (1987) 'Seeking a Theory of the Human/Companion Animal Bond', *Anthrozoös* 1 (3): 140–5.

Klinowska, M. (1989) 'How Brainy Are Cetaceans?', *Oceanus* 32: 19–20.

Klinowska, M. (1992) 'Brains, Behaviour and Intelligence in Cetaceans (Whales, Dolphins and Porpoises)', pp. 23–37 in Ö. D. Jónsson (ed) *Whales and Ethics*. Reykjavík: University Press, University of Iceland.

Komatsu M. and S. Misaki. (2001) *The Truth behind the Whaling*

*Resources for Whom?* Basel, Switzerland: Gordon and Breach Science Publishers.

Friedman, H. (1994) 'Distance and Durability: Shaky Foundations of the World Food Economy', pp. 258–76 in P. McMichael (ed) *The Global Restructuring of Agro-Food Systems*. Ithaca, NY: Cornell University Press.

Gambell, R. (1990) 'The International Whaling Commission — Quo Vadis?', *Mammal Rev.* 20 (1): 31–43.

Gambell, R. (1993) 'International Management of Whales and Whaling: An [*sic*] Historical Review of the Regulation of Commercial and Aboriginal Subsistence Whaling', *Arctic* 46 (2): 97–107.

Gamson, W. A. and G. Wolfsfeld (1993) 'Movements and Media as Interacting Systems', *ANNALS (AAPSS)* 528 (July): 114–25.

Gill, T. (1993) 'Japan in the British Tabloids' (presented at Oxford Brook University, 8 March 1993)

Gottlieb, R. (1993) *Forcing the Spring: The Transformation of the American Environmental Movement.* Washington, D.C.: Island Press.

Gregory, C. (2000) *Star Trek: Parallel Narratives.* London: Macmillan Press.

Grossberg, L., E. Wartella and D. C. Whitney (1998) *Media Making: Mass Media in a Popular Culture*. Thousand Oaks, CA: Sage Publications.

Hadenius, S. (1990) *Swedish Politics during the 20th Century.* Stockholm: The Swedish Institute.

Hall, S. et al. (1978) *Policing the Crisis: Mugging, the State, and Law and Order.* London: Macmillan.

Hannigan, J. A. (1997) *Environmental Sociology: A Social Constructionist Perspective.* London: Routledge.

Hansen, A. (1993) 'Greenpeace and Press Coverage of Environmental Issues', pp. 150–78 in A. Hansen (ed) *The Mass Media and*

Douglas, M. (1975) *Implicit Meaning: Essays in Anthropology*. London: Routledge & Kegan Paul.

Douglas, M. and A. Wildavsky (1982) *Risk and Culture: An Essay on the Selection of Technological and Environmental Dangers*. Berkeley, CA: University of California Press.

DuTemple, L. A. (2000) *Jacques Cousteau*. Minneapolis, MN: Lerner Publications Company.

Eckersley, R. (1992) *Environmentalism and Political Theory*. London: UCL Press.

Eliade, M (1958) *Patterns in Comparative Religion*. London: Sheed and Ward.

Ellis, R. (1992) *Men and Whales*. London: Robert Hale.

Eyerman, R. and A. Jamison (1989) 'Environmental Knowledge as an Organizational Weapon: the Case of Greenpeace', *Social Science Information* 28 (1): 99–119.

Frank, J. (2002) 'A Constrained-Utility Alternative to Animal Rights', *Environmental Values* 11: 49–62.

Freeman, M. M. R. et al. (1988) *Small-Type Coastal Whaling in Japan: Report of an International Workshop*. Edmonton, Canada: Boreal Institute for Northern Studies, the University of Alberta.

Freeman, M. M. R. (1994) 'Science and Trans-Science in the Whaling Debate', pp. 143–57 in M. M. R. Freeman and U. P. Kreuter (eds) *Elephants and Whales: Resources for Whom?* Basel, Switzerland: Gordon and Breach Science Publishers.

Freeman, M. M. R and S. R. Kellert (1994) 'International Attitudes to Whales, Whaling and the Use of Whale Products: A Six-Country Survey', pp. 293–315 in M. M. R. Freeman and U. P. Kreuter (eds) *Elephants and Whales: Resources for Whom?* Basel, Switzerland: Gordon and Breach Science Publishers.

Freeman, M. M. R. and U. P. Kreuter (1994) 'Introduction', pp. 1–16 in M. M. R. Freeman and U. P. Kreuter (eds) *Elephants and Whales:*

*Environmental Ethics* 4: 311－38.

Carson, R. (1962) *Silent Spring*. Boston, MA: Houghton Mifflin.

Cate, D. L. (1985) 'The Island of the Dragon', pp. 148－56 in P. Singer (ed) *In Defence of Animals*. Oxford: Basil Blackwell.

Caulfield, R. A. (1994) 'Aboriginal Subsistence Whaling in West Greenland', pp. 263－92 in M. M. R. Freeman and U. P. Kreuter (eds) *Elephants and Whales: Resources for Whom?* Basel, Switzerland: Gordon and Breach Science Publishers.

Chapman, G. et al. (1997) *Environmentalism and the Mass Media: The North-South Divide*. London. Routledge.

Clapham, P. (1997) *Whales*. Grantown-on-Spey, Scotland: Colin Baxter.

Clarke, P. A. B. and A. Linzey (eds) (1990) *Political Theory and Animal Rights*. London: Pluto Press.

Cousteau, J. (1988) *Whales*. London: WH Allen Planet.

Couvalis, G. (1997) *The Philosophy of Science: Science and Objectivity*. London: Sage Publications.

Cronon, W. (1995) 'The Trouble with Wilderness; or, Getting Back to the Wrong Nature', pp. 69－90 in W. Cronon (ed) *Uncommon Ground: Toward Reinventing Nature*. New York: Norton.

Dale, S. (1996) *McLuhan's Children: The Greenpeace Message and the Media*. Toronto, Canada: Between the Lines.

Dalton, R. J. (1994) *The Green Rainbow: Environmental Groups in Western Europe*. New Haven, CT: Yale University Press.

D'Amato, A. and S. K. Chopra (1991) 'Whales: Their Emerging Right to Life', *American Journal of International Law* 85: 21－62.

Deluca, K. M. (1999) *Image Politics: The New Rhetoric of Environmental Activism*. New York: The Gilford Press.

Dietz, T. (1987) *Whales & Man: Adventures with the Giants of the Deep*. Dublin, NH: Yankee Books.

Dobson, A. (2000) *Green Political Thought (Third Edition)*. London: Routledge.

Anderson, A. (1991) 'Source Strategies and the Communication of Environmental Affairs', *Media, Culture and Society* 13 (4): 459–76.

Anderson, A. (1993) 'Source-Media Relations: The Production of the Environmental Agenda', pp. 51–68 in A. Hansen (ed) *The Mass Media and Environmental Issues*. Leicester: Leicester University Press.

Andresen, S. (1993) 'The Effectiveness of the International Whaling Commission', *Arctic* 46 (2): 108–15.

Aron, W. (1988) 'The Commons Revisited: Thoughts on Marine Mammal Management', *Coastal Management* 16: 99–110.

Aron, W., W. Burke and M. M. R. Freeman (2000) 'The Whaling Issue', *Marine Policy* 24: 179–91.

Baldwin, E. et al. (1999) *Introducing Cultural Studies*. London: Prentice Hall Europe.

Baudrillard, J. (2001) *Jean Baudrillard: Selected Writings*. Edited by M. Poster. Cambridge: Polity.

Bennett, T. (1982) 'Media, "Reality", Signification', pp. 287–308 in M. Gurevitch et al. (eds) *Culture, Society and the Media*. London: Methuen.

Blumler, J. G. and M. Gurevitch (1982) 'The Political Effects of Mass Communication', pp. 236–67 in M. Gurevitch et al. (eds) *Culture, Society and the Media*. London: Methuen.

Bosso, C. J. (1995) 'The Color of Money: Environmental Groups and the Pathologies of Fund Raising', pp. 101–30 in Cigler, A. J. and B. A. Loomis (eds) *Interest Group Politics (Fourth Edition)*. Washington DC: CQ Press.

Brody, H. (1987) *Living Arctic: Hunters of the Canadian North*. London: Faber and Faber.

Butterworth, D. S. (1992) 'Science and Sentimentality', *Nature* 357 (18 June): 532–4.

Callicott, J. B. (1980) 'Animal Liberation: A Triangular Affair',

けられるために』農山漁村文化協会。

原剛（1993）『ザ・クジラ』（第5版）文眞堂。

フリーマン，ミルトン・M. R. 編（1989）『くじらの文化人類学』海鳴社。

ブーアスティン，ダニエル・J.（1964）『幻影（イメジ）の時代――マスコミが製造する事実』星野郁美・後藤和彦訳，東京創元社。

星川淳（2007）『日本はなぜ世界で一番クジラを殺すのか』幻冬舎。

ボードリヤール，ジャン（1984）『シミュラークルとシミュレーション』竹原あき子訳，法政大学出版局。

マクルーハン，マーシャル／カーペンター，エドマンド（2003）『マクルーハン理論――電子メディアの可能性』大前正臣・後藤和彦訳，平凡社。

村山司（2009）『イルカ――生態，六感，人との関わり』中央公論新社。

メドウズ，ドネラ・H. 編（1972）『成長の限界――ローマ・クラブ「人類の危機」レポート』大来佐武郎監訳，ダイヤモンド社。

メルヴィル，ハーマン（2004）『白鯨』（上・中・下）八木敏雄訳，岩波書店。

森田勝昭（1994）『鯨と捕鯨の文化史』名古屋大学出版会。

『朝日新聞』（2010）「和歌山・太地のイルカ漁告発　「ザ・コーヴ」アカデミー賞　生活守る営み　反発と評価　需要もうない」3月9日。

『朝日新聞』（2010）「「捕鯨の町」太地　毛髪の水銀4倍　環境省が千人調査」5月10日。

『ソトコト』（2010）「グリーンファイター界のダース・ベイダー？シー・シェパードの休日。ポール・ワトソン独占インタビュー」2010年5月号，32-49頁。

■英語文献

書籍・学術誌

Alia, V.（2004）*Media Ethics and Social Change*. Edinburgh: Edinburgh University Press.

# 引用文献


**■日本語文献**

石川創（2011）『クジラは海の資源か神獣か』NHK出版。

金子熊夫（2000）「さらば「捕鯨」エゴイズム」『論座』2000年12月号，284－91頁。

川端裕人（1997）『イルカとぼくらの微妙な関係』時事通信社。

国際動物福祉基金（IFAW）（2009）「動物を救おう」（2009年6月に閲覧）（http://www.ifaw.org/ifaw_japan/save_animals/index.php）。

小松正之編著（2001）『くじら紛争の真実――その知られざる過去・現在，そして地球の未来』地球社。

『ザ・コーヴ』オフィシャル・サイト（2010）「ルイ・シホヨス監督からのメッセージ」（2010年8月に閲覧）（http://thecove-2010.com/director/index.html）。

佐々木正明（2010）『シー・シェパードの正体』扶桑社。

主権回復を目指す会（2010）「行動・活動」（2010年4月9日）（2010年8月に閲覧）（http://www.shukenkaifuku.com/KoudouKatudou/2010/100409.html）。

水産庁（1995）『国際捕鯨取締条約』。

世界自然保護基金（WWFジャパン）（2002）「レッドリストの大型鯨類」（2009年9月に閲覧）（http://www.wwf.or.jp/activity/marine/lib/whale/ redlistwhale.htm）。

世界自然保護基金（WWFジャパン）（2005）「クジラ保護に関するWWFジャパンの方針と見解」（2009年5月に閲覧）（http://www.wwf.or.jp/activity/marine/lib/whale/wl-policy2005.htm）。

高橋順一（1988）『女たちの捕鯨物語――捕鯨とともに生きた11人の女性』日本捕鯨協会。

長崎福三（1994）『肉食文化と魚食文化――日本列島に千年住みつづ

NASA: National Aeronautics and Space Administration（米航空宇宙局）
NCP: Northern Contaminants Program（北方汚染プログラム）
PETA: People for the Ethical Treatment of Animals（動物の倫理的扱いを求める人々の会）
RMP: Revised Management Procedure（改訂管理方式）
RMS: Revised Management Scheme（改訂管理制度）
RSPCA: Royal Society for the Prevention of Cruelty to Animals（王立動物虐待防止協会）
SEA: Sea Education Association（海洋教育協会）
SS: Sea Shepherd Conservation Society（シー・シェパード）
TWFC: Treaty of Waitangi Fisheries Commission（ワイタンギ条約漁業委員会）
WCI: Whale Conservation Institute（鯨類保護協会）
WCW: World Council of Whalers（世界捕鯨者会議）
WDCS: Whale and Dolphin Conservation Society（クジラ・イルカ保護協会）
WSPA: World Society for the Protection of Animals（世界動物保護協会）
WWF: World Wide Fund for Nature（世界自然保護基金）

# 略語一覧

ACS: American Cetacean Society（アメリカ鯨類協会）
ALF: Animal Liberation Front（動物解放戦線）
BBC: British Broadcasting Corporation（英国放送協会）
BWU: Blue Whale Unit（シロナガス換算方式）
CACAR: Canadian Arctic Contaminants Assessment Report（カナダ北極圏汚染評価レポート）
CITES: Convention on International Trade in Endangered Species of Wild Fauna and Flora（絶滅のおそれのある野生動植物の種の国際取引に関する条約＝ワシントン条約）
CSI: Cetacean Society International（国際鯨類保護協会）
FoE: Friends of the Earth（地球の友）
HNA: High North Alliance（極北同盟）
ICR: Institute of Cetacean Research（日本鯨類研究所＝鯨研）
ICRW: International Convention for the Regulation of Whaling（国際捕鯨取締条約）
IFAW: International Fund for Animal Welfare（国際動物福祉基金）
IUCN: International Union for the Conservation of Nature（国際自然保護連合）
IWC: International Whaling Commission（国際捕鯨委員会）
KIAA: Kangaroo Industry Association of Australia（オーストラリア・カンガルー産業協会）
KNAPK: Association of Fishermen and Hunters in Greenland（グリーンランド漁業・狩猟協会）
KWM: Kendall Whaling Museum（ケンドール捕鯨博物館）
NAMMCO: North Atlantic Marine Mammal Commission（北大西洋海産哺乳類委員会）

## マ　行



## ヤ・ラ・ワ　行

## タ　行



## ナ　行



## ハ　行

## サ　行

## カ 行

### ワ　行



# 事項索引

（「グリーンピース」，「国際捕鯨委員会（IWC）」，「商業捕鯨モラトリアム」は頻出するので項目として取り上げない。）

### ア　行

ヘイニング，ジョン(John E. Heyning)　8, 47, 62
ヘイワード，ティム(Tim Hayward)　228
ペイン，ロジャー(Roger Payne)　46, 47
ベンサム，ジェレミー(Jeremy Bentham)　30, 40
ペンランド，ケイティ(Katy Penland)　50
ホガート，リチャード(Richard Hoggart)　123
ボスク，チャールズ(Charles L. Bosk)　95
ボッソ，クリストファー(Christopher J. Bosso)　110
ボードリヤール，ジャン(Jean Baudrillard)　118, 146, 147, 150
ホール，スチュアート(Stuart Hall)　118, 120, 130
ホルト，シドニー(Sidney Holt)　86, 175, 214, 216
ボールドウィン，イレイン(Elaine Baldwin)　234
ボルドリー，トニー(Tony Baldry)　192, 207

## マ・ヤ 行

マクタガート，デイヴィッド(David McTaggart)　98, 175
マクルーハン，マーシャル(Marshall McLuhan)　118, 143, 144, 234
マコーミック，ジョン(John McCormick)　227
マーチン，アタートン(Atherton Martin)　231
マッキー，ロビン(Robin McKie)　140
マルクス，カール(Karl Marx)　146
マロニー，ウィリアム(William A. Maloney)　97, 109, 110, 233
ミューア，ジョン(John Muir)　232
ミルズ，C. W.(Charles Wright Mills)　235
ムーア，パトリック(Patrick Moore)　55, 99, 100, 134, 226
村山司　48
メルヴィル，ハーマン(Herman Melville)　9, 140, 151, 226
モーガン，ルイス(Lewis H. Morgan)　215
モース，マルセル(Marcel Mauss)　202
モーラン，ブライアン(Brian Moeran)　41
モリソン，デイヴィッド(David Morrison)　127, 130
森田勝昭　149
ヨナ　9, 151

## ラ 行

ライダー，リチャード(Richard D. Ryder)　31
ラッペ，フランセス・ムーア(Frances Moore Lappé)　181, 188, 189
リー，サンドラ(Sandra Lee)　64
リーガン，トム(Tom Regan)　35, 227
リーチ，エドマンド(Edmund Leach)　41, 49, 199, 206, 237
リッジウェイ，サム(Sam Ridgeway)　37
リリー，ジョン(John C. Lilly)　5-7, 47, 61, 62, 154
リンジ，フィン(Finn Lynge)　46, 184, 206
リンネ，オルガ(Olga Linné)　128, 129
レヴィ＝ストロース，クロード(Claude Lévi-Strauss)　49, 199,

34, 35, 227
デカルト，ルネ（René Descartes） 29
デール，スティーヴン（Stephen Dale） 234
デルカ，ケヴィン・マイケル（Kevin Michael DeLuca） 140, 141
ドブソン，アンドリュー（Andrew Dobson） 231
トマス，キース（Keith Thomas） 58
トレイン，ラッセル（Russell Train） 71

## ナ　行

長崎福三 179, 189
ナッシュ，ロデリック（Roderick Nash） 32
ニコル，C. W.（C. W. Nicol） 219, 222
ニモイ，レナード（Leonard Nimoy） 157, 160

## ハ　行

バーガー，ジョン（John Berger） 199
ハスタッド，ダイアン（Diane Hustad） 47
バーストウ，ロビンズ（Robbins Barstow） 37, 38, 40－42, 44, 46, 48, 49, 51, 53, 54, 227
バターワース（D. S. Butterworth） 87
ハーディン，ガレット（Garrett Hardin） 227
ハピヌーク，トム（Tom Happynook） 106, 213
ハーマン，ルイス（Louis Herman） 6
ハモンド，フィリップ（Philip Hammond） 88, 89
原剛 71
ハリス，マーヴィン（Marvin Harris） 179
バルドー，ブリジッド（Brigitte Bardot） 193
パルメ（Olof Palme） 68, 69
バンクス，トニー（Tony Banks） 57
ハンセン，アンダース（Anders Hansen） 131
ハンター，ロバート（Robert Hunter） 101－103, 133, 136, 144, 222
ヒル，ロバート（Robert Hill） 76
ヒルガートナー，スティーヴン（Stepehn Hilgartner） 95
ブーアスティン，ダニエル（Daniel Boorstin） 235
フォイン，スヴェン（Svend Foyn） 12, 13
フォンテーヌ，レイフ（Leif Fountaine） 78
ブッシュ（George W. Bush） 74, 229
ブラウワー，デイヴィッド（David Brower） 94, 97, 232
ブラウン，ポール（Paul Brown） 83, 116, 123, 127, 152
フランク，ジョシュア（Joshua Frank） 227
フランク，スチュアート（Stuart Frank） 212
フランク，リチャード（Richard Frank） 190, 204
フリーマン，ミルトン（Milton M. R. Freeman） 51, 190, 194, 202, 203, 237
ブルントラント，グロ・ハーレム（Gro Harlem Brundtland） 57
フレデリック，ブルース（Bruce Friedrich） 187, 188
プロクター（S. J. Proctor） 7
ブロスナン，ピアス（Pierce Brosnan） 115

クラーク，ジェームズ(James B. Clark)　153
クラーク，ヘレン(Helen Clark)　139, 211
クラップハム，フィル(Phil Clapham)　55
クリノウスカ，マーガレット(Margaret Klinowska)　6, 7
クロイター，ウルス(Urs P. Kreuter)　51
ケイト，デクスター(Dexter Cate)　208－210
ケラート，スティーヴン(Stephen R. Kellert)　194
小島敏男　112
コモナー，バリー(Barry Commoner)　232
小森繁樹　89, 106
コローディ，カルロ(Carlo Collodi)　9

## サ　行

佐々木正明　223
サスキンド，ローレンス(Lawrence E. Susskind)　84
サムブルック，リチャード(Richard Sambrook)　132
サーリンズ，マーシャル(Marshall Sahlins)　180, 198
サンドー，ペーター(Peter Sandøe)　186
シェファー，ヴィクター(Victor Scheffer)　215, 216
ジェーミソン，キャスリーン(Kathleen Jamieson)　140
シホヨス，ルイ(Louis Psihoyos)　168
島一雄　67, 68
ジャクソン，ゴードン(Gordon Jackson)　200
ジョーダン，グラント(Grant Jordan)　97, 109, 110, 233
シンガー，ピーター(Peter Singer)　33－35, 40, 55, 183, 208, 227,229, 242
シングルトン，ジョン(John Singleton)　223
ストット，ピーター(Peter. J. Stoett)　49
スポング，ポール(Paul Spong)　101
セーガン，カール(Carl Sagan)　39
セリグマン，シャルロット(Charlotte Seligman)　137
ソルト，ヘンリー(Henry Salt)　32, 232
ゾーレンセン，ハイジ(Heidi Sørensen)　72
ソロー，ヘンリー・デイヴィッド(Henry David Thoreau)　232

## タ　行

ダイアー，マイケル(Michael P. Dyer)　50, 51
タイラー，エドワード(Edward B. Tylor)　215
タイラー，ジョセフ(Joseph Taylor)　58
ダーウィン，チャールズ(Charles Darwin)　30
ダグラス，メアリー(Mary Douglas)　114, 199
ターナー，ヴィクター(Victor Turner)　49
ダマト，アンソニー(Anthony D'Amato)　60－63
ダルトン，ラッセル(Russell J. Dalton)　32, 112, 127, 130
チュー，ケヴィン(Kevin Chu)　70, 71, 221, 232
チョプラ，サディール(Sudhir K. Chopra)　60－63
デ・ヴェール，ヴァン(Van De Veer)

# 人名索引

## ア　行

アクィナス，聖トマス(Saint Thomas Aquinas)　29
アッテンボロー，デイヴィッド(David Attenborough)　170－172, 236
アリア，ヴァレリー(Valerie Alia)　238
アーロン，ウィリアム(William Aron)　72
アンダーソン，アリソン(Alison Anderson)　128, 130, 132
イヒマエラ，ウィティ(Witi Ihimaera)　163
ウィリアムズ，ヒースコート(Heathcote Williams)　59, 240
ウィルキンソン，ピート(Pete Wilkinson)　45, 48, 103, 104, 110, 127, 128, 170, 171
ウィルダフスキー，アーロン(Aaron Wildavsky)　114
ウェーバー，マックス(Max Weber)　52, 107
ウェンゼル，ジョージ(George Wenzel)　129
ウルフスフェルド，ガディ(Gadi Wolfsfeld)　125
エカースリー，ロビン(Robyn Eckersley)　232
エディンバラ公(the Duke of Edinburgh)　*ii*
エリアーデ，ミルチャ(Mircea Eliade)　46
エリス，リチャード(Richard Ellis)　78
大隅清治　23, 61, 83, 219, 221, 236, 237
オタウェイ，アンディ(Andy Ottaway)　50
オバマ(Barack Obama)　74
オバリー，リチャード(Richard O'barry)　154, 168－170

## カ　行

カー，イアン(Iain Kerr)　44, 45, 50
カーク(提督)　118, 157－159, 236
カーソン，レイチェル(Rachel Carson)　227
金子熊夫　69
ガムソン，ウィリアム(William A. Gamson)　125
カラン，アルネ(Arne Kalland)　41, 149
カリコット，J・ベアード(J. Baird Callicott)　226
カーロ，ニキ(Niki Caro)　162
ギアツ，クリフォード(Clifford Geertz)　49
キッド，アリーン(Aline H. Kidd)　43
キッド，ロバート(Robert M. Kidd)　43
キャッスル＝ヒューズ，ケイシャ(Keisha Castle-Hughes)　163
ギャンベル，レイ(Ray Gambell)　70, 83, 92, 108, 175, 205
ギル，トム(Tom Gill)　218, 234
クストー，ジャック＝イヴ(Jacques-Yves Cousteau)　3, 8, 17, 119, 165－169, 171, 235, 243

■著者略歴

河島基弘（かわしま・もとひろ）

1965年　静岡県に生まれる。

1988年　早稲田大学政治経済学部卒業。

1988年　時事通信社入社。（記者職）

1998年　時事通信社退職。

1998年　エセックス大学社会学部修士課程修了。

1999年　ロンドン大学経済政治学院（LSE）社会人類学部修士課程修了。

2004年　エセックス大学社会学部博士課程修了。（PhD in Sociology）

現　在　群馬大学専任講師。（専攻／文化社会学）

著　書　『イメージの中の日本』〔共著〕（慶應義塾大学出版会，2008年），『メディア・ナショナリズムのゆくえ』〔共著〕（朝日選書，2006年），「反捕鯨と文化帝国主義」（『比較文化研究』No.93，2010年），他。



神聖なる海獣

――なぜ鯨が西洋で特別扱いされるのか――

2011年9月15日　初版第1刷発行

著　者　河　島　基　弘

発行者　中　西　健　夫

発行所　株式会社　ナカニシヤ出版

〒606-8161　京都市左京区一乗寺木ノ本町15

TEL (075) 723-0111

FAX (075) 723-0095

http://www.nakanishiya.co.jp/





印刷・製本／シナノ書籍印刷

＊落丁本・乱丁本はお取り替え致します。

ISBN978-4-7795-0557-7　Printed in Japan

## 倫理空間への問い
—応用倫理学から世界を見る—

馬渕浩二

現実を具体的に論じる応用倫理の原点に返り、安楽死、エンハンスメント、環境、世代、海外援助、戦争、資本主義、自由主義、の八つの主題に挑む応用倫理学の真髄。　二八三五円

## 倫理問題に回答する
—応用倫理学の現場—

小阪康治

「実例なき倫理観は空虚であり、方法なき実例研究は盲目である」という考えのもと、病腎移植・捕鯨・食品偽装など身近な社会問題に答える、新しい倫理学入門。　二三一〇円

## 現代を生きてゆくための倫理学

栗原　隆

現代世界において露呈する、個人の自己決定権の限界を見据え、現代の諸問題を共に考えることで、未来への倫理感覚を磨き上げ、知恵の倫理の可能性を開く一冊。　二七三〇円

## 現代の倫理的問題

長友敬一

西洋倫理思想を踏まえ、脳死臓器移植・地球温暖化問題・エンハンスメントなど、応用倫理の定番のテーマから最新のテーマまで分かりやすく解説する標準的入門書。　二八三五円

## 完全な人間を目指さなくてもよい理由
—遺伝子操作とエンハンスメントの倫理—

マイケル・J・サンデル／林芳紀・伊吹友秀訳

話題の政治哲学者が、遺伝子操作などの倫理的問題について「贈られたものとしての生」という洞察から真摯に語った、人間とテクノロジーについての必読の一冊。　一八九〇円

表示は二〇一一年九月現在の税込み価格です。